国家出版基金项目
NATIONAL PUBLICATION FOUNDATION

中国中药资源大典
——中药材系列
中药材生产加工
中药材产业扶贫计

猪苓生产加工适宜技术

总主编　黄璐琦

主　编　胡　平　夏燕莉

副主编　方清茂　杨玉霞　周先建

中国医药科技出版社

内容提要

《中药材生产加工适宜技术丛书》以全国第四次中药资源普查工作为抓手，系统整理我国中药材栽培加工的传统及特色技术，旨在科学指导、普及中药材种植及产地加工，规范中药材种植产业。本书为猪苓生产加工适宜技术，包括：概述、猪苓药用资源、猪苓栽培技术、猪苓特色适宜技术、猪苓药材质量评价、猪苓现代研究与应用等内容。本书适合中药种植户及中药材生产加工企业参考使用。

图书在版编目（CIP）数据

猪苓生产加工适宜技术 / 胡平，夏燕莉主编．— 北京：中国医药科技出版社，2018.3

（中国中药资源大典．中药材系列．中药材生产加工适宜技术丛书）

ISBN 978-7-5067-9895-2

Ⅰ．①猪…　Ⅱ．①胡…　②夏…　Ⅲ．①猪苓—栽培技术　②猪苓—中草药加工　Ⅳ．①S567.23

中国版本图书馆 CIP 数据核字（2018）第 013174 号

美术编辑　陈君杞

版式设计　锋尚设计

出版　中国医药科技出版社

地址　北京市海淀区文慧园北路甲 22 号

邮编　100082

电话　发行：010-62227427　邮购：010-62236938

网址　www.cmstp.com

规格　710×1000mm　1/16

印张　8 3/4

字数　75 千字

版次　2018 年 3 月第 1 版

印次　2018 年 3 月第 1 次印刷

印刷　北京盛通印刷股份有限公司

经销　全国各地新华书店

书号　ISBN 978-7-5067-9895-2

定价　25.00 元

中药材生产加工适宜技术丛书

—— 编委会 ——

本书编委会

主　　编　胡　平　夏燕莉

副主编　方清茂　杨玉霞　周先建

编写人员　（按姓氏笔画排序）

王晓宇（四川省中医药科学院）
李青苗（四川省中医药科学院）
肖　特（四川省中医药科学院）
吴　萍（四川省中医药科学院）
张　美（四川省中医药科学院）
陈铁柱（四川省中医药科学院）
郭俊霞（四川省中医药科学院）
舒光明（四川省中医药科学院）

序

我国是最早开始药用植物人工栽培的国家，中药材使用栽培历史悠久。目前，中药材生产技术较为成熟的品种有200余种。我国劳动人民在长期实践中积累了丰富的中药种植管理经验，形成了一系列实用、有特色的栽培加工方法。这些源于民间、简单实用的中药材生产加工适宜技术，被药农广泛接受。这些技术多为实践中的有效经验，经过长期实践，兼具经济性和可操作性，也带有鲜明的地方特色，是中药资源发展的宝贵财富和有力支撑。

基层中药材生产加工适宜技术也存在技术水平、操作规范、生产效果参差不齐问题，研究基础也较薄弱；受限于信息渠道相对闭塞，技术交流和推广不广泛，效率和效益也不很高。这些问题导致许多中药材生产加工技术只在较小范围内使用，不利于价值发挥，也不利于技术提升。因此，中药材生产加工适宜技术的收集、汇总工作显得更加重要，并且需要搭建沟通、传播平台，引入科研力量，结合现代科学技术手段，开展适宜技术研究论证与开发升级，在此基础上进行推广，使其优势技术得到充分的发挥与应用。

《中药材生产加工适宜技术》系列丛书正是在这样的背景下组织编撰的。该书以我院中药资源中心专家为主体，他们以中药资源动态监测信息和技术服务体系的工作为基础，编写整理了百余种常用大宗中药材的生产加工适宜技术。全书从中药材的种植、采收、加工等方面进行介绍，指导中药材生产，旨在促进中药资源的可持续发展，提高中药资源利用效率，保护生物多样性和生态环境，推进生态文明建设。

丛书的出版有利于促进中药种植技术的提升，对改善中药材的生产方式，促进中药资源产业发展，促进中药材规范化种植，提升中药材质量具有指导意义。本书适合中药栽培专业学生及基层药农阅读，也希望编写组广泛听取吸纳药农宝贵经验，不断丰富技术内容。

书将付梓，先睹为悦，谨以上言，以斯充序。

中国中医科学院 院长

中 国 工 程 院 院士 张伯礼

丁酉秋于东直门

总前言

中药材是中医药事业传承和发展的物质基础，是关系国计民生的战略性资源。中药材保护和发展得到了党中央、国务院的高度重视，一系列促进中药材发展的法律规划的颁布，如《中华人民共和国中医药法》的颁布，为野生资源保护和中药材规范化种植养殖提供了法律依据；《中医药发展战略规划纲要（2016—2030年）》提出推进“中药材规范化种植养殖”战略布局；《中药材保护和发展规划（2015—2020年）》对我国中药材资源保护和中药材产业发展进行了全面部署。

中药材生产和加工是中药产业发展的“第一关”，对保证中药供给和质量安全起着最为关键的作用。影响中药材质量的问题也最为复杂，存在种源、环境因子、种植技术、加工工艺等多个环节影响，是我国中医药管理的重点和难点。多数中药材规模化种植历史不超过30年，所积累的生产经验和研究资料严重不足。中药材科学种植还需要大量的研究和长期的实践。

中药材质量上存在特殊性，不能单纯考虑产量问题，不能简单复制农业经验。中药材生产必须强调道地药材，需要优良的品种遗传，特定的生态环境条件和适宜的栽培加工技术。为了推动中药材生产现代化，我与我的团队承担了农业部现代农业产业技术体系“中药材产业技术体系”建设任务。结合国家中医药管理局建立的全国中药资源动态监测体系，致力于收集、整理中药材生产加工适宜技术。这些适宜技术限于信息沟通渠道闭塞，并未能得到很好的推广和应用。

本丛书在第四次全国中药资源普查试点工作的基础下，历时三年，从药用资源分布、栽培技术、特色适宜技术、药材质量、现代应用与研究五个方面系统收集、整理了近百个品种全国范围内二十年来的生产加工适宜技术。这些适宜技术多源于基层，简单实用、被老百姓广泛接受，且经过长期实践、能够充分利用土地或其他资源。一些适宜技术尤其适用于经济欠发达的偏远地区和生态脆弱区的中药材栽培，这些地方农民收入来源较少，适宜技术推广有助于该地区实现精准扶贫。一些适宜技术提供了中药材生产的机械化解决方案，或者解决珍稀濒危资源繁育问题，为中药资源绿色可持续发展提供技术支持。

本套丛书以品种分册，参与编写的作者均为第四次全国中药资源普查中各省中药原料质量监测和技术服务中心的主任或一线专家、具有丰富种植经验的中药农业专家。在编写过程中，专家们查阅大量文献资料结合普查及自身经验，几经会议讨论，数易其稿。书稿完成后，我们又组织药用植物专家、农学家对书中所涉及植物分类检索表、农业病虫害及用药等内容进行审核确定，最终形成《中药材生产加工适宜技术》系列丛书。

在此，感谢各承担单位和审稿专家严谨、认真的工作，使得本套丛书最终付梓。希望本套丛书的出版，能对正在进行中药农业生产的地区及从业人员，有一些切实的参考价值；对规范和建立统一的中药材种植、采收、加工及检验的质量标准有一点实际的推动。

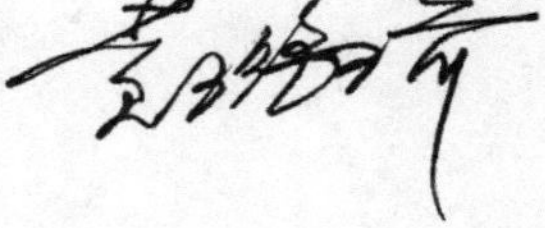

2017年11月24日

前言

猪苓是我国传统珍贵中药，以菌核入药，有利水渗湿的功效，主治小便不利、水肿、泄泻、淋浊、带下等病症。猪苓主产于中国和日本，在我国分布较广，主要分布于西北、东北、西南、华北等地区，其中以云南产量最大，以陕西质量为最佳。

猪苓以野生为主。由于猪苓的疗效较好，需求量大，药用价值较高，导致当地群众对野生猪苓大规模的无序过度采挖，有些地区甚至采取地毯式的滥采滥挖，使野生猪苓的蕴藏量连年大幅度地直线下滑，已面临枯竭，造成药用资源的长期紧缺。

近年来，陕西、四川等省的有关科研单位对猪苓人工栽培和半野生栽培进行了多方面的科学实验，特别是对猪苓的菌枝培养、菌材培育、药材优质等方面研究。目前，对猪苓的化学成分和药理等方面的研究也日渐深入。现代药理实验证明，猪苓除具有明显的利尿作用外，还有抗肿瘤、抗菌等作用，临床应用也愈来愈广泛。

为了挖掘和继承道地中药材猪苓生产和产地技术并使上述研究成果迅速转化为生产力，保障人民健康，很有必要进行一次较为全面而系统的总结，形成猪苓优质标准化生产和产地加工技术规范，加大猪苓生产加工适宜技术在各地区的推广应用，我们编写了本书，为确保生产出优质、高产、稳定、可控的猪苓药材提供科学参考。本书共分六章，是编者总结实际工作经验结合文献资料而成，从药用资源、栽培技术、特色适宜技术、药材质量评价、现代研究与应用等方面对猪苓进行了概述，对于挖掘和继承道地中药材猪苓生产和产地技术，形成猪苓优质标准化生产和产地加工技术规范，加大猪苓生产加工适宜技术在各地区的推广应用，具有重要意义。

限于作者水平，书中疏遗漏之处在所难免，欢迎批评指正。

编者

2017年10月

目录

第1章

概　述

猪苓*Polyporus umbellatus*（Pers.）Fries又名猪屎苓、野猪苓、猪粪菌、猪茯苓、地乌桃等，在分类学上属于真菌门（Eumycophyta）、担子菌纲（Basidiomycetetes）、非褶菌目（Aphyllophorales）、多孔菌科（Polyporaceae）、多孔菌属Polyporus，是世界上著名的真菌之一，其菌核具有利水渗湿的作用，是一种常用的中药。主要由菌核和子实体两部分构成，菌核生于地下的土层中，子实体从地下菌核上长出，俗称“猪苓花”“千层蘑菇”，味美质软，可以食用。菌核为药用部位。

随着各种猪苓制剂的广泛使用，市场对猪苓的需求量迅速增大，近年来需求量增至2300吨，其中约有1/10供出口。需求量的增加使猪苓的野生资源日益减少，因而我国在20世纪70年代中期就开展了猪苓野生变家种的攻关研究。1978年猪苓的人工栽培获得成功，1985年又开展了猪苓半野生栽培技术研究，到1990年，试验获得成功。半野生栽培技术具有省工、投资少、操作简便、产量较高、经济效益较好的特点。

2009年，国家质量监督检验检疫总局批准对略阳猪苓实施地理标志产品保护。2011年第172号公告国家质量监督检验检疫总局批准对九寨猪苓实施地理标志产品保护。标志着猪苓人工栽培优品正式得到国家相关部门的许可，为普及猪苓栽培、种植打下了基础。

第2章

猪苓药用资源

第一节　形态特征及分类检索

一、形态特征

1. 子实体

俗称“猪苓花”“千层蘑菇”可食用，每年夏秋季节当气温在18～22℃、土壤湿度在45%～50%、空气相对湿度在85%以上时，由靠近地面的菌核（黑苓）顶部长出，菌柄基部相连，上部大量分枝，形成树状一大丛圆形菌盖，高20～45cm，小菌盖圆形直径1～4cm，肉质，干燥后坚硬而脆，边缘薄而锐，内卷，中部脐状，呈浅漏斗形，表面灰白色至淡黄色，菌肉白色，子实体表面布满菌管，菌管长约2mm，与菌肉同色，下延，菌管近圆形至多角形。子实体形似花丛，为猪苓有性繁殖器官，孔状菌，成熟后弹射孢子，孢子无色，光滑，圆筒形，椭圆形，（7～10）μm×（3～4.2）μm。子实体发生到成熟生长3～5天，弹射孢子后或温度高于25℃时很快自溶消失。

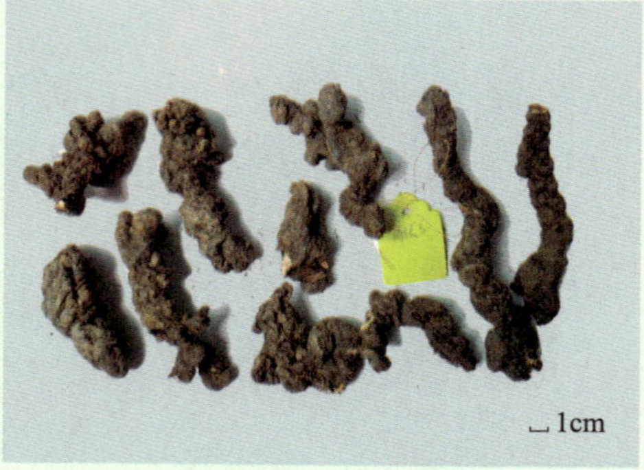

图2-1　猪苓

2. 菌核

猪苓菌核有黑、灰、白三种不同的颜色，按颜色和肉质分别称作“枯苓（老苓）”“黑苓”“灰苓”和“白苓”，这四种不同颜色或品质的菌核，是在不同年限长出，前后相连，后者是由前者生长发育而来的，代表了猪苓菌核生长发育时的四个不同阶段，即是猪苓（母苓当年白苓，第二年灰苓，第三年黑苓，多年生枯苓）的无性繁殖生长过程。

图2-2　菌材

（1）枯苓（老苓）　由黑苓生长而成，多年生，表面颜色褐黑至黑色。无弹性，菌核内部菌丝木质化，颜色呈深黄色，并在菌核上形成大小形状不一的空腔，是猪苓菌丝与蜜环菌菌丝相互吸收利用形成的产物，称为隔离腔。形似枯木，故叫枯苓。

（2）黑苓　黑苓是黑颜色的猪苓菌核，是由灰苓生长发育而成。黑苓颜色黑但无漆黑光泽，其中有一部分呈褐黑色，由头年苓转变为黑苓，转变为黑苓的时间较短。菌核用手捏有弹性，掰开断面菌丝为白色或浅黄色，其菌丝生命力和繁殖力强，可用来做种苓，扩大栽培，在适宜的条件下可从菌核上萌发新苓（白苓）。如手捏菌核项无弹性，断面菌丝呈黄色或灰黄色者，这种黑苓菌核可加工成商品猪苓。

图2-3　黑苓

（3）灰苓　由白苓生长发育而成。表皮灰黑色或灰黄色，有一定的弹性和韧性，质地松泡体轻，断面菌丝白色，折干率仅28%～31%，可做种苓。灰苓在适宜的环境条件下可在菌核上萌发白苓。

（4）白苓　由种苓萌发生长而成，当种苓在适宜条件下，菌核里的菌丝不断发生繁殖生长突破菌核生长点表皮，不断繁殖增多形成菌球，表面菌丝致密成一层白膜团凸起，即形成新的菌核——白苓。皮色乳白，薄而幼嫩，无弹性，质地脆软易烂，含水量88%～92%，可食用。烘干后呈米黄色空皮。白苓生活状态常附着在黑苓或灰苓表皮，易脱落，不具备消化吸收蜜环菌的功能，靠母苓供给营养生长膨大，离开母体即会死亡，是猪苓一生中生命最脆弱的阶段。但也是猪苓产量的基础，猪苓栽培窝内白苓萌发多，证明生长发育好，窝产就高。因此在每年夏季和秋季是白苓生长发育期，严禁翻窝，白苓一碰就掉，会造成很大损失。

3. 菌丝体

菌丝是组成猪苓菌核和子实体的最基本的单位。猪苓菌丝与其他食用菌平板培养或发酵培养的菌丝相比，具有分枝多、融合频率高、菌丝形态不规则等特点、组成菌核的菌丝分枝常发生在菌丝顶端之后的部位，这是菌丝细胞分裂的结果。在新细胞刚刚形成时，菌丝细胞内壁向中间延伸形成隔膜，子细胞与母细胞由简单横隔膜相隔，并分化形成复杂的桶状隔膜。组成菌核的菌丝还可互相融合，这种可发生于菌丝细胞本身，即菌丝顶端细胞生长出一个突起，像一个极短的分枝，然后弯曲与母体菌丝融合（食用菌中常见的锁状联合）；或者融合发生在两条菌丝之间，一个菌丝细胞壁与另一个菌丝细胞壁溶解并发生融合。

4. 担孢子的形态特征

担子短棒状，（17～21.5）μm×（5.6～8）μm。孢子卵圆形，（6～8）μm×（3～4）μm。猪苓担子是由生殖菌丝所产生，新形成的担子细胞质稠密，无明显的液泡出现。之后担子迅速膨大，同时核配和减数分裂进行。在核分裂过程中常在其周围伴有线粒体，并且胞质中线粒体也较多。液泡开始出现时，不断有小液泡向其顶部运动，中心则形成一个或数个较大液泡，细胞质受其影响被迫进入担子的顶端。在担子的顶端可看到一个清晰的帽状物，小梗就在这个部位形成。液泡形成的连续过程迫使细胞质及细胞核流入小梗，最后到达顶端，孢子在小梗顶端形成的同时，小梗基部担子的内壁内折形成横隔膜，以致担孢子成熟弹落时横隔膜也发育完成。脱离小梗的担孢子为椭圆形，脐部扁平，并且基部仍有部分小梗的胞壁附着。弹射孢子后的小梗顶端变的钝尖或凸圆形。担子的发育和孢子的形成、弹射机制是十分复杂的。因此，对猪苓子实体的发育，特别是担子、小梗、孢子的形成过程仍需继续深入研究。

二、分类检索

猪苓*Polyporus umbellatus*（Pers.）Fries是一种药用真菌，属于真菌门（Eumycophyta）、担子菌亚门（Basidiomycetetes）、层菌纲（Hymenomycetes）、非褶菌目（Aphyllophorales）、多孔菌科（Polyporaceae）、多孔菌属*Polyporus*。

担子果一年生，有中生到侧生柄，新鲜时韧，干后硬。菌盖表面平滑到有鳞片，初期有细绒毛，很快变光滑，淡色到深褐色或老后几乎呈淡紫色。菌肉白色。菌管与菌肉同色。孔面白色到奶油黄色。管口完整，略圆形到多角形，小到大。菌柄光滑到具微细绒毛，淡色到深褐色或呈淡黑色，平滑到有纵皱。

菌丝系统二体型；生殖菌丝具锁状联合；骨架—缠绕菌丝厚壁到实心，树状分枝，骨架干末端形成鞭毛状无色缠绕菌丝。

担孢子圆柱形，有时稍弯曲，偶尔呈长椭圆形到椭圆形或近球形，透明，薄壁，平滑。生于阔叶树上。稀生于针叶树上。木材白色腐朽。

世界广布属。

分类检索表

1　担子果生于菌核上……………………………………………… 2

1　担子果非生苗核上，生于其他基物上…………………………… 3

2　担子果由多数圆形小菌盖组成，菌盖表面谈白色到淡褐色，被有细微鳞片，孢子（7～10）μm×（3～4）μm…………………… 猪苓*P. umbellatus*

2　菌盖表面硫磺色到栗褐色或污褐色，孢子狭椭圆形或钝纺锤形，（5～6.5）μm×（2～2.5）μm ……………………………… 雷丸*P. mylittae*

3　菌柄基都，下部或全部呈黑褐色到黑色……………………… 4

3　菌柄不呈黑褐色到黑色…………………………………………13

4　孢于较小，长在8μm以下………………………………… 5

4　孢子较大，长达8μm以上………………………………… 7

5 管口较小，每毫米5～8个，菌柄侧生，罕偏生，黑褐色或淡黑色，菌盖表面褐色、黑褐色或栗褐色，孢子（5.2～6.9）μm×（2.6～3.5）μm ……………………………………………………………… 小褐多孔菌*P. blanchetianus*

5 管口较大，每毫米在8个以下 …………………………………………………… 6

6 柄侧生或偏生，几乎全部呈黑色，菌盖表面栗褐色或全部黑褐色，管口每毫米（5～7）个，孢子（4.1～7.7）×（2～3.1）μm ……………………………………………………………… 褐多孔菌*P. badius*

6 柄近中生，黑褐色，具纵纹，菌盖有蘑菇香味，表面浅灰褐色，管口每毫米4～5个，孢子（3.1～4.7）×（1～2.4）μm ……………………………………………………………… 极薄多孔菌*P. tenuissimus*

7 孢子宽达4μm ………………………………………………………………… 8

7 孢子宽在4μm以下 …………………………………………………………… 11

8 柄侧生或偏生 ………………………………………………………………… 9

8 柄多中生或近中生 …………………………………………………………… 10

9 柄侧生至偏生，下部或基部或全柄黑色，菌盖深蛋壳色，红褐色至黑色，管口每毫米3～5个，孢子（7.5～8.5）μm×（3.5～4）μm ……………………………………………………………… 多孔菌*P. Varius*

9 柄偏生，下部暗黑色或黑色，菌盖新鲜时暗黄色，干后淡黄褐色，管口每毫米3～4个，孢子（7～9）μm×（3～4）μm ……………………………………………………………… 奇异多孔菌*P. admirabilis*

10　柄下部暗褐色或黑色或全部色暗，菌盖表面乳酪色，淡黄褐色，管口每毫米约3个，孢子（6～8.7）μm×（3.5～4）μm ………… 喜根多孔菌*P. rhizophilus*

10　柄全部暗褐色至黑色，菌盖白色，后变蛋壳色，淡黄褐色，管口每毫米3～4个，孢于（6.7～9.4）μm×（2.5～4）μm ………… 黑柄多孔菌*P. melanopus*

11　管口较小，每毫米5～7个，柄侧生，黑色或与菌盖同色，菌盖表面黑褐色到黑色，孢子（7～9）μm×（2.5～3）μm ………… 小黑多孔菌*P.dictyopus*

11　管口较大，通常每毫米3～4（～5）个 ……………………………………… 12

12　柄黑褐色到黑色，菌盖表面从污白色到黑褐色和黑色，孢子7～8.7（～10.4）μm×（3～3.5）μm …………………………………… 新疆多孔菌*P. xinjiangensis*

12　柄多偏生，稀近中生和侧生，下部或基部黑色，孢子（7～10）μm×（2.5～3.5）μm ………………………………………… 雅致多孔菌*P. elegans*

13　柄中生或近中生 ……………………………………………………… 14

13　柄非中生或近中生 …………………………………………………… 18

14　管口较大，每毫米1～2个或更大 ………………………………… 15

14　管口较小，每毫米小于1～2个 …………………………………… 16

15　菌盖表面黄褐色至褐色和肉桂色，孢子（5.7～9.2）μm×（2.3～3.1）μm …………………………………………… 漏斗多孔菌*P. arcularius*

15　菌盖中部下凹或喇叭状，有时像蘑菇花，新鲜时近白色，干后浅褐色 ………………………………… 远安多孔菌*P. yuananensis*

16　菌盖边缘有缘毛，表面污褐色到褐色，孢子（4.5～7.5）μm×（1.5～2）μm ……………………………………………………………缘毛多孔菌*P. ciliatus*

16　菌盖边缘无缘毛 ……………………………………………………………17

17　菌盖表面淡黄褐色，暗褐色，暗红褐色或几乎黑色，孢子（5.2～7）μm×（1.7～2.6）μm ……………………………………………冬生多孔菌*P. brumalis*

17　菌盖表面浅茶褐色至茶褐色，孢子（2.5～3.5）×3μm ……………………………………………………………孤苓多孔菌*P. rhinocerus*

18　孢子长在12μm以上 ……………………………………………………19

18　孢子长在12μm以下 ……………………………………………………22

19　管口较大，长形，辐射状排列，长2.5～3mm，宽约2mm，孢子（10.4～15）μm×（4～5.2）μm ……………………………………宽鳞多孔菌*P. squamosus*

19　管口较小，每毫米在2～4个之间 …………………………………20

20　菌盖表面淡黄色至烟揭色，菌柄有深入地下的假根，孢子（10～12）μm×（5～6）μm ……………………………………长根多孔菌*P. radicatus*

20　柄没有伸入地下的长假根 ……………………………………………21

21　菌盖表面褐色到深褐色或浅栗色，孢子（8.7～12.1）μm×（3～5.2）μm ……………………………………潮润多孔菌*P. udus*

21　担子果由数个紧密相连的菌盖组成，表面淡黄褐色或污淡黄褐色，管口放射状，部分倾向褶状，长1.5～5mm，宽1～1.5mm，孢子（11～12.5）μm×（3.5～4.5）μm ………北京多孔菌*P. pekingensis*

22　管口辐射状排列 ……………………………………………………………………23

22　管口非辐射状排列 …………………………………………………………………26

23　菌盖表面浅污叶色或淡褐色，后变白色．管口每毫米1～2个，孢子（81～1）μm×（2.4～4）μm ………………………… 大孔多孔菌*P. alveolaris*

23　孢子较小，长在11μm以下 ………………………………………………………24

24　菌盖表面白色到米黄色或乳黄色，管口每毫米约3个，孢子（7～8.7）μm×（2.6～3）μm ………………………………………… 略薄多孔菌*P. tenuiculus*

24　管口每毫米少于3个 ………………………………………………………………25

25　菌盖表面浅土黄色至肉桂色，管口每个长约2mm、宽约1mm，孢子（4～6.9）μm×（2～3）μm ……………… 菲律宾多孔菌*P. philippinensis*

25　菌盖表面近白色，渐变蛋壳色和深蛋壳色，管口长0.5～1.2mm，宽0.2～0.5mm渐呈锯齿状，孢子（4.5～7）μm×（2.6～3）μm …………………………………………………………………… 匙形多孔菌*P. spatulatus*

26　菌盖表面浅污叶色，后变浅土黄色，管口每毫米3～4个，孢子（6.9～10.4）μm×（3.5～4.3）μm …………… 条纹多孔菌*P. virgatus*

26　孢子较小长在10μm以下 …………………………………………………………27

27　菌柄分枝形成一丛菌盖，菌盖表面淡色或淡黄褐色到褐色。管口干后齿裂，孢子（5.2～6.9）μm×（2.6～3.5）μm ……………………………………………………………… 白树花多孔菌*P. albicans*

27 菌柄不分枝，也不形成一丛菌盖 ……………………………………………… **28**

28 菌盖硬，近木质，表面淡黄褐色或淡褐色，孢子（4.5～6）μm×（1.5～2.5）μm ……………………………………………………………… 近木质多孔菌*P. sublignosus*

28 菌盖表面木材色至淡黄色，后变褐色或淡栗褐色，有辐射条纹，孢子（5～7）μm×（2～3）μm ……………………… 条盖多孔菌*P. grammocephalus*

第二节　生物学特性

一、猪苓生态习性

1. 猪苓生长地地势、地形与伴栽植被

猪苓多分布于海拔1000～2000m山区，以1200～1600m半阴半阳、坡度20°～50°的坡地生长居多。主要生长于树木树根的周围，常见树种有柞树、桦树、槭树、榆树、杨树、柳树、枫树、女贞子等阔叶树，或者是针阔叶的混交林，灌木林以及竹林内，其中以次生林中生长的最多。这些林地土壤中粗细树根纵横交错，并且有取之不尽的落叶，树根和落叶都可以成为培养蜜环菌所需要的营养成分。一般情况下阔叶树都可以为蜜环菌繁衍提供营养，以木质坚实的壳斗科的植物为最好，如槲栎、板栗等树种。椴木、桦木、枫木等树营养丰富，可以保持蜜环菌生长持久性强。

2. 温度

猪苓具喜冷凉、阴郁、湿润，怕干旱的特性，在地温5～25℃条件下均生长。西北产区地温在17～19℃时生长良好，10℃时萌发，22℃时子实体开放；华北产区平均地温达9.5℃时萌发，12℃左右时新苓生长膨大，14℃左右时新苓萌发多，个体增长快。

3. 土壤腐殖质与水分条件

猪苓是好气性真菌，可在暗棕壤、黄棕壤、黄砂壤、黑砂土、砂壤土和黄土等多种土壤上生长，但要求土壤湿润、疏松透气且腐殖质含量高。腐殖质深厚的土壤有充足且稳定的湿度，是提高猪苓产量的关键。沙土虽透气性好，有利于细菌对菌材的分解，但有机质含量少，保水保肥能力差，易干旱。一般土壤含水量50%～60%最适宜猪苓生长，土壤含水量低于30%时，猪苓停止生长；含水量长期处于饱和状态，有可能引起猪苓菌核腐烂。在猪苓栽培中，随土壤肥力增加猪苓产量有所提高。有研究表明林中火烧痕迹处生长的猪苓，菌核粗壮且个体大，弱酸性（pH值5.5～6.5），富含有机质、矿质养分的土壤有助于猪苓有效成分的积累。此外，还有研究表明空气相对湿度65%～85%最适宜猪苓生长。

4. 光照与郁闭度

猪苓菌丝可在完全无光的条件下健壮生长，见光易衰老。在自然生长过程

图2-4 猪苓生境

中菌核也隐生于土壤中不需阳光。但人工栽培猪苓最好有散射阳光，以利于提高地温，延长生长期，同时也有利于子实体形成。在林区，随着林分郁闭度增加，猪苓产量增加，到0.7以上时产量开始降低。这主要由于郁闭度适宜的林区，夏季荫凉湿润，冬季能增加林内温度，有利猪苓生长。但郁闭度过大会导致林内温度低于猪苓生长最适温度，并影响枯枝落叶的分解，进而影响猪苓的产量。

二、猪苓的生长、发育与共生真菌的关系

猪苓喜生长在带有蜜环菌的植物根系的腐殖土壤中，在生长猪苓地表的土层中，在侵染过的树桩或腐木上，很容易发现有蜜环菌菌索，夜间还可见到蜜环菌发出的蓝色荧光。同时，在猪苓窝和菌核块上，也常见到蜜环菌菌索。1955年，日本的川村清一在猪苓菌核上就观察到有蜜环菌菌索的存在。据此认为猪苓是依靠蜜环菌来吸收自己生长发育所需要的养分，此观点现在已得到公认。猪苓和蜜环菌与树木三者的复杂关系，国外学者称为“真菌营养型”。即一种真菌的生长发育，需依赖于另一种真菌，它们之间没有绝对的共生或寄生关系，而是分解有机物有先有后，这种现象属于特殊的共生现象之一。它们的关系类

似于天麻，都是一种非自养生活，也不能直接利用活树根或腐生于树干上的腐生菌，而是形成植物—蜜环菌—猪苓特殊的食物链。猪苓和天麻的营养都来源于蜜环菌。没有蜜环菌，猪苓不能正常生长和发育，主要在树木（树根或死树木）中吸收营养，猪苓自身吸收少量营养。事实表明，猪苓需要蜜环菌提供营养才能完成其整个生活史。蜜环菌的侵染是一种主动侵染，开始了蜜环菌从猪苓菌核中部分获得营养和猪苓菌核从蜜环菌中收益的两种真菌间的共生关系。

三、猪苓的生长发育特性

猪苓的生活史分担孢子、菌丝体、菌核、子实体四个阶段。猪苓的生活史在自然界中是指由担孢子萌发至产生新的担孢子的全过程。在人为条件下，是从灰苓、黑苓到双核菌丝，再发育成白苓、灰苓、黑苓的过程。

在自然条件下：猪苓子实体成熟后弹射出担孢子；在适宜的温度、湿度条件下，孢子萌发出单核菌丝，异核的单核菌丝质配后变成双核化的次生菌丝，次生菌丝细胞分裂繁殖，并在周围温度、湿度环境条件刺激下，形成菌核；菌丝在条件不良的情况下，还可以形成厚垣孢子（无性孢子）。菌核在地面下5cm、温度8～9℃时开始生长；在平均地温达12℃以上，土壤含水量在30%～50%条件下，菌核迅速生长；地温继续上升则新苓迅速增长；秋末冬初地温低于8℃菌核进入休眠期。子实体多在每年伏天连绵阴雨后出现，从接近地表或微突出地表的菌核顶部长出，俗称“千层蘑菇”。

在人为条件下：每年4～5月份，当地温升高到约10℃，土壤含水量在30%～50%时，菌核开始萌动。在灰苓或黑苓上的某几点，菌丝突破菌核表皮，萌生出几束洁白色绒毛状的菌丝，菌丝不断繁殖增多，形成菌丝团，逐渐变成米粒般大小的菌球，在菌球表面菌丝排列成一层致密的对菌丝起保护作用的白色膜，即是“白苓”。据中国医学科学院徐锦堂、许广波教授等观察研究发现，只要条件适宜，一年中的春、夏、秋三季，母苓上随时可以萌发出新生白苓。到7、8月份平均地温达到约18℃时，白苓生长速度加快。入秋后随着地温逐渐降低，生长速度渐慢。白苓在越冬后颜色变黄或灰黄色，即成“灰苓”。翌年春天又从原母苓或灰苓上萌发出新白苓，原来的灰苓经夏、秋季后颜色变成褐色或黑褐色，再经过一个冬季完全变成黑色，即“黑苓”。所以，白苓、灰苓和黑苓实际上为生长年限不同（当年、次年、第三年）的猪苓菌核。猪苓菌核生长速度和大小差异很大，有些圆柱形菌核的直径可达到6～7cm，长20～30cm，也有一些白苓只长到黄豆粒大小。

第三节　地理分布

猪苓野生资源分布在我国陕西、贵州、湖北、甘肃、辽宁、吉林、黑龙江、河南、河北、山西、四川等省区，主要产区为山西、陕西和云南。在欧洲、非洲和北美洲各国均有分布，亚洲的日本等国也有分布。常寄生于壳斗科植物、桦树及槭树的根旁土壤有蜜环菌存在的地方。

我国人工栽培猪苓始于20世纪70年代中期，距今已逾三十载。现今以陕西、云南、甘肃、山西、河南、四川出产最多，在产量上以云南最大，在质量上以陕西为最好。主要分布于陕西省的汉中、安康、周至、勉县、留坝、洋县、城固、略阳、宝鸡、宁陕等地，山西阳曲、文水、交城、沁水、武乡、黎城、介休、灵石、岢岚、五台、应县、霍州、兴县、汾阳、岚县、左权、代县、吉县、和顺，四川都江堰、北川、旺苍、洪雅、峨边、屏山、荥经、理县、金川、沐川、天全、小金、美姑、平武、九寨沟、马边，河北赞皇、平山、武安、涉县、阜平、涞源、蔚县、赤城、崇礼、围场、平泉，内蒙古宁城、克什克腾旗、喀喇沁旗，吉林辉南、集安、通化、柳河、长白、抚松、靖宇、延吉、汪清、敦化、龙井、桦甸，黑龙江双鸭山、穆棱、黑河、铁力、宁安，湖南浏阳、平江，贵州遵义、习水、德江、印江、赫章、威宁，青海湟中、互助、循化、贵德、兴海，宁夏泾源、隆德等地均为药材生产适宜区。吉林省的辉南、集安、通化、柳河、长白、延吉、桦甸等地。

第四节　生态适宜分布区域与适宜种植区域

猪苓生态适宜分布区域与适宜种植区域广，郭顺星等从中国12个省区采集到猪苓40个分布数据，应用GIS技术和Maxent生态位模型，结合Worldclim网站上1995～2000年生物气候数据，用最大信息熵模型模拟猪苓潜在的地理分布，预测药用真菌猪苓在中国潜在适生区。该研究依据模拟分布值0.5～0.8标定的猪苓分布区域，排除其潜在分布区域，再结合这些区域的地理间隔性，从宏观景观上将猪苓的地理分布格局划分为三个区块：黑龙江、吉林、辽宁、河北四省小部分地区；云南、贵州、四川三省交界地区，西藏的东南部地区；山西大部分地区，陕西大部分地区，陕西与甘肃、宁夏交界的东南部。主要包括山西省平遥县、古县、洪桐、榆次、霍州；陕西延安、留坝、宁陕、凤县、宝鸡；四川阿坝、旺苍、庐山；云南昭通、丽江、大理、兰坪；甘肃舟曲、两当、天水；湖北襄阳保康、十堰神农架林区；河南西峡县、三门峡市灵宝市、洛阳；北京市延庆；青海互助；贵州毕节；西藏米林、察隅、波密；吉林集安、临江；黑龙江五常、海林；辽宁本溪；河北成德、涞源等地。

彭文甫等基于遥感和GIS技术的四川省猪苓适宜性分布范围研究，为确定其种植产区及合理规划生产布局提供科学依据。四川省猪苓资源适宜性分布面积为276.2144km^2，主要分布在九寨沟县、平武县、北川县、青川县、广元市、南江县、旺苍县、壤塘县、通江县、万源县、江油市、茂县、理县、宣汉县、安县、汶川县、绵竹市、什邡市、彭州市、都江堰市、崇州市、天全县、雅安市、泸定县、洪雅县、荥经县、汉源县、石棉县、九龙县、甘洛县、沐川县、木里藏族自治县、马边彝族自治县、冕宁县、越西县、屏山县、美姑县、雷波县、喜德县、兴文县、古蔺县、盐源县、西昌市、金阳县、布拖县、普格县、延边县、宁南县、米易县、会东县等县市，适宜性分布面积占该区面积的0.1433%。

第3章

猪苓栽培技术

近10年来，随着我国中药产业的快速发展，以猪苓为原料的成品药不断开发，特别是猪苓多糖的抗癌作用和防治肝炎作用被发现后，对猪苓多糖的提取用量逐年增加，导致产区过度采挖，野生资源锐减，猪苓供需矛盾尖锐，被我国列为“三级保护的野生中药材”。由于人工伴栽的猪苓与野生猪苓在化学成分上无明显差异，使得利用山区适宜生态条件发展猪苓栽培生产有着广阔的前景。

第一节　猪苓繁殖方法

一、无性繁殖

猪苓组织分离分为菌核分离和孢子分离，以猪苓菌核为材料分离培养出新菌核（即猪苓）叫原体分离，即无性繁殖或称营养繁殖。经过人工菌种分离和培养可以解决种源问题。菌核是猪苓的主要药用部位，可以储存养分和抵抗不利的外界环境。在遇低温、干旱等不利自然环境时呈休眠状态，待有了适宜的生活环境，菌核的任何部位都能萌发出新菌丝。新菌丝缠绕在一起呈白色或淡黄色的头状叫苓头，苓头是正生长的菌核，苓头长大分叉，此即无性繁殖。

二、有性繁殖

猪苓子实体顶生担孢子，担孢子是子实体产生的有性孢子，当孢子发育成熟后自动射出，在适宜条件下，萌发形成初生菌丝体。新生菌丝体经质配后产生双核的次生菌丝，再生长发育成菌核，此即猪苓的有性繁殖。研究表明人工诱导子实体可以培育出优良菌种。谭自春等试验证明有性繁殖栽培具有生长周期短、繁殖速度快、成本低、产量高的特点。

第二节　猪苓栽培技术

早在20世纪70年代，我国的一些中草药材生产厂就进行过人工种植猪苓的探索研究。1965年山西省药材公司在古县海拔1500m的山区建立了猪苓试验场，进行人工栽培猪苓研究。1968年甘肃陇南武都区的药场用采挖野生菌核埋在树下的方式进行了多次仿野生栽培试验，但都未成功。此后，在采挖野生猪苓的过程中，更加留意野生猪苓生存状态和生活环境，发现大多数野生猪苓菌核表面有蜜环菌索附殖，且蜜环菌越多猪苓生长越旺盛。加之从天麻和蜜环菌的共生关系中得到启发，1972年用带有蜜环菌菌索的菌材进行伴栽试验初获成功，采取蜜环菌伴栽猪苓的人工栽培方法开始在全国有关猪苓的产区推广。1978～1990年中国医学科学院药用植物研究所徐锦堂教授在陕西省汉中的略阳、宁强等地开展猪苓人工栽培，获得成功。20世纪80年代初，徐锦堂等用蜜环菌菌材伴栽猪苓试验成功，尤其在栽培穴中增放大量树叶后对提高猪苓产

量起到很好的效果。20世纪80年代中期开展了猪苓半野生栽培技术，随着研究技术的进展总结出一套较完整的猪苓半野生栽培方法，并从理论上初步阐明了猪苓和蜜环菌的相互关系，猪苓的半野生栽培逐渐推向生产。20世纪90年代以后，广泛开展了人工栽培技术的研究，形成适合不同地区推广的多种栽培模式。随着研究技术发展，采用孢子有性栽培试验获得成功，但尚未大面积推广。21世纪初Guo等在野生猪苓菌核生长穴中首次分离出伴生菌，表明伴生菌是菌核形成的关键因子。2005年至今，梁宗锁等在陕西汉中的略阳、留坝等进行大规模的规范化栽培试验，在菌种优选、菌核形成等研究方面积累了重要的研究资料。

一、猪苓窖养栽培技术

（一）选地整地

猪苓生长的营养来源于蜜环菌，而蜜环菌又需要木段培养，因此，培养猪苓的场地应选择距离林地较近的地方。猪苓和蜜环菌都是好气菌，喜欢湿润。应选择富含腐殖质、透气性能好、含水30%～50%的微酸性砂质土壤；种过庄稼的熟地或撂荒地均可选用。实践证明，在这些地栽培猪苓长势均好，但应避免用碱性土，海拔高度在800～1400m最宜。坡向最好为西南、西北的二阴坡，坡度20°～30°，顺坡挖长宽各70cm、深50cm的窖（亦可采用长方形大窖，长短可依菌材而定）。窖合理布局，减少木材的远距离搬运。也可在有棚顶的室内或疏林下种植。栽培场地选择好后，首先除去杂草，将地平整，30°以上的陡坡应修成小梯田，以利于保水和操作。

培养菌枝菌材一年四季都可进行，3～8月份气温逐渐升高，雨水多，湿度大，菌丝生长快，为最佳的菌材培养和生长时期。因此，培养菌材的时间应选择在接种猪苓前的1～2月进行。培养时间过早，菌材已朽，营养不良，蜜环菌长势衰退；培养时间过晚，木材上还未感染菌丝，或菌索只附在木材表面或菌丝只附在木材表面，翻动时很易脱落。不同地区气候条件不同，故培育菌材的时间也应有一定差别。北方早春回暖较慢，培养菌材宜在4～6月份进行，在室内或有地膜覆盖的情况下也可适当提前。南方天气较暖，培养菌材可在3月初进行。

（二）蜜环菌种准备

1. 一级原种的培养

首先按配方制备好培养基，高压锅灭菌后冷却凝固成固体斜面培养基。选择新鲜，表面附有蜜环菌的菌材作菌源，或在秋季采集新鲜，性状完整，健全色正，发育良好，菌伞尚未打开的蜜环菌子实体，供组织分离用；按常规方法进行组织分离，接种于斜面固体培养基上，置温度22～28℃的恒温箱中培养7～10天，待菌丝布满斜面培养基，即得一级原种。

2. 二级原种的培养

按配方制备好培养基，灭菌后在无菌条件下将一级原种挑1cm²菌块，放培养基中央孔里，包扎后，置22～26℃的培养室内15天左右，待菌丝布满全培养基时，即得二级菌种。

3. 生产菌种的培养

按配方制备好培养基，灭菌后在无菌条件下将二级原种接入插有栎树枝的广口瓶中，置25℃的培养室内培养一个月左右，当培养瓶内的树枝上和培养基上长出大量棕红色蜜环菌菌丝后即得生产菌种。

（三）培养菌枝

菌枝是培养蜜环菌材的菌种，它是用幼嫩的树枝培养的。树皮较薄，木质疏松，蜜环菌容易侵染，蜜环菌生长得快，培养时间短，容易控制杂菌，同时便于运输，有利于引种。用菌枝作菌种，费工少，效果好，故生产中应尽量多培养菌枝。

1. 菌枝的选择

菌枝是培养菌材的菌种，数量不大，但要求质量高，故不宜选择蜜环菌生长不旺的树种，以壳斗科的青冈树及桦木科桦树的枝条为最好。

2. 培养时间

培养菌枝一年四季都可进行，3～8月份气温，逐渐升高，雨水多，湿度大，菌生长快，为最佳的菌枝培养和生长时期。因此，培养菌枝的时间应选择在接种菌材前的1～2月份进行。不同地区气候条件不同，故培育菌枝的时间也应有一定差别。北方早春回暖较慢，培养菌枝宜在4～6月份进行，在室内或有地膜覆盖的情况下也可适当提前。南方天气较暖，培养菌枝可在3月初进行。

3. 培养方法

选用直径1～2cm的小枝作为菌枝，斜砍成6～10cm长的小段，挖30cm深、60cm见方的窖。窖底先铺一层湿润树叶并压实，厚约1cm，然后一根靠一根地摆一层树枝，树枝上均匀撒一层人工培养的三级菌种，将菌种中的小枝顺向摆于枝与枝的间隙，在菌种上再摆一层树枝，然后盖一层沙土，土的厚度以盖严树枝和填好空隙为准，宜薄不宜厚。依次培养8～10层，层数不能过多，以免影响窖内的通气性能。最后在顶上覆上一层5～6cm厚的沙土，再在上面加盖一层树叶以保温保湿。

用野生蜜环菌及菌棒培养菌枝时，底层树枝摆好后，带菌树根或菌棒可交叉摆放，棒与棒之间可离开3～4cm，两棒间空隙处可顺向摆放树枝，填土后其上再摆1～2层树枝，如法培养8～10层。其他方法同上。菌枝一般在40～60天即可培养成功。优良菌枝的标准是：首先，应无杂菌感染；其次，菌枝表面应附有蜜环菌索，剥去树皮应能见有蜜环菌丝，以两头顶尖长出白色、幼嫩毛刷状菌索的菌枝质量为最佳。

此外，培养的时间长短也影响菌枝的质量，表现在相同的菌枝，培养时间短的，树枝中营养消耗少，其质量也较好。

为了能缩短培育时间，提高菌枝质量，可预先将砍好的树枝浸泡在0.25%硝酸铵溶液中10分钟至半小时，然后捞出，按上法培养。经处理后的树枝发菌快，蜜环菌生长旺盛。此法值得大力推广。

（四）种苓的选择与处理

作种用的猪苓通常称为种苓。选择种苓时，多用生活力较强的灰苓和较幼嫩的黑苓，这些种苓色泽鲜艳、表面凹凸不平、多瘤状、手捏有弹性、鲜嫩、无杂菌感染，这种种苓出芽快而多；不能选择乌黑质硬、内有空腔的老苓，这样的猪苓繁殖再生能力差；也不能用幼嫩的白苓，白苓栽后容易腐烂，而老苓生活力弱。根据苓块的大小，特别大的苓块可由分离层或细腰处分开，较小的苓块直接作种。试验表明，过分地掰成小块并不能有效增产。栽培时，一窝种苓用量可根据菌材多少，菌种质量和培养环境而定。

（五）培育菌材

用于栽培猪苓菌材的树种很多，只要能生长蜜环菌的都行，但以壳斗科为最好。作为栽培菌材，桦木并非好的材料，因枝松易腐烂，猪苓生长期长，猪苓未长好，菌材腐烂了，造成猪苓后期营养缺乏。常用的树种有青冈树、麻栎、栓皮栎等。选用边材发达、树皮厚度适中、不易脱落、直径8～20cm的为宜。砍伐时间宜在冬季，这段时间树木处于休眠状态，营养成分丰富，树木的韧皮部和木质部结合紧密，不易脱落。砍伐后锯成短棒，晾晒10～15天，每隔3～5cm砍一“鱼鳞口”，粗棒砍4排，细棒砍3排。菌种可选用经无杂菌培养的菌枝或选用栽培天麻、猪苓用过的老菌材。采用坑培，如选用栽培天麻、猪苓用过的老菌材作菌种，每坑下层3根新材、2根老材，上层5根新材，可覆土10～15cm。6～7月培育最好，2个月后如发菌良好，即可接种猪苓，一坑菌材分栽两窖猪苓。应该注意的是，选用老菌材应选择材质尚坚硬，沉重，未腐朽，有棕红色菌索并有白色的生长点，剥开树皮有乳白色丝或棕红色菌索，夜间荧光较明亮的菌材。

（六）树叶和树枝的准备

在猪苓栽种前应收集准备大量的落叶。试验表明，在猪苓栽培窖中加入树叶作填充物是一种很好的增产措施。将树叶堆成堆，用前一两天洒水并搅拌，闷放至水润透后即可使用。同样每窝加入2～3kg长6～10cm、粗1.5～3cm的树枝，夹在菌材与种苓之间，既加快传菌速度，又增加猪苓的产量。

（七）种植时间

猪苓与蜜环菌形成特殊的共生关系，二者习性相仿。当温度达到12℃以上时，二者开始萌发，达到14℃时猪苓及开始膨胀长大，蜜环菌进入正常生长代谢阶段。当温度高于26℃以上时，二者的生长均受抑制，进入高温休眠。一般在封冻前或翌年初春的解冻后进行人工栽培，此期温度不高，低温播种，蜜环菌菌丝易恢复，猪苓菌核伤口易愈合，杂菌不宜污染，栽培易获得成功。不同的地区不同的海拔高度由于封冻与解冻的时间不同栽培时间不同。大部分地区为4月下旬至6月上旬或8月下旬至10月下旬可以种植猪苓。

（八）种植模式

1. 蜜环菌枝+树棒+苓种

按上述规格挖窖后，松窖底整平，在窖底铺1层3～4cm厚枯枝落叶，压实后排放5～7根树棒，棒间距8～10cm，按"端1侧3"的摆苓法，将苓种紧靠砍花树棒的两端和两侧均匀地摆放。用事先育好的新菌枝夹放在苓种两侧和树棒间，菌枝端口最好是一端紧接苓种，一端紧接树棒鱼鳞口。用细枝节填充较大空隙，再用腐殖土填实小隙，再以同样方法摆放第2层树棒、苓种、菌枝、覆薄土填隙，铺放1层10cm厚的枯枝落叶后，用土封顶，厚15cm，最后用树枝、落叶盖窖顶即可。

2. 蜜环菌材+树棒+苓种

用事先培养的新菌材（或砍花、打孔现接种的蜜环菌菌棒）或栽过天麻的菌材，按3～4根新树棒加2～3根新菌材（或旧菌材）铺窖接苓，其他步骤与上相同。需要注意的是，用栽过天麻的菌材来栽猪苓，往往因后续营养不足，产量相对较低，故栽过天麻的菌材只能用作添加材料，不能用作主料，如作主料，则需在栽培窖内增放大量树枝叶，以提高猪苓产量。

3. 蜜环菌种+树棒+苓种

窝底铺树叶后，将人工培养的蜜环菌种掰成1～2cm的小块均匀撒在树叶上，有条件的地方，还可再撒上猪苓生长素，每窖用种量500～750g，树棒摆在撒好蜜环菌的树叶上，树棒间距3～5cm，用树叶与腐殖土混合物将树棒间隙填平，再将苓种均匀摆放树棒两侧和端头，然后覆树叶，盖腐殖土，最后用树枝叶苫盖窖顶。

4. 蜜环菌种+代用料+苓种

用木屑（锯末）、棉籽壳、玉米芯等作栽培基料，可窖、箱、畦栽，一般种植2层为宜，分层撒播或穴播，用优质的蜜环菌种400～800g/m²。撒播：先铺1层树叶或腐殖土，在铺代用料（玉米芯用水浸泡1天，浸透沥干余水）后，料面撒蜜环菌种，均匀摆放5～6个苓种，再用同法进行第2层播种。穴播（木屑、锯末、棉籽壳培养料）：穴距5～8cm，深3～4cm，将蜜环菌种放入穴内，后均匀摆放5～6个苓种于蜜环菌穴上。最后覆土盖叶，保湿控温管理。

5. 猪苓与天麻混合栽培

春、秋季进行窖或畦栽，采取下栽猪苓（2层）上种天麻（2层）的栽培方式，窖或畦底铺放上年栽培过天麻的培养料和菌材（剔除腐朽或无菌索菌材）。注意不要完全使用旧菌材，应加入一些新树棒或新树根与旧材间放，下苓种后用旧的培养料填充空隙，以同法再播1层，之后用培养料填至与地面平。上面再用新旧培养料和新旧菌材栽培2层天麻。猪苓与天麻混合栽培，可达到互调养分、减少天麻秋后烂麻、促成猪苓与天麻双丰收的效果。管理上注意基料含水保持在40%左右（每月喷水1次即可）；畦（床）温15～25℃（视季节不同，采取相应措施）。此法栽培，天麻可每年采收1～2次，猪苓每2年采收1次。

（九）田间管理

1. 温度管理

猪苓作为一种真菌，温度条件适宜，猪苓菌核新苓萌发早，生长快，10月下旬仍有白苓生长，延长了生长期，产量明显提高。高山地区及阴沟温度低、生长期短、猪苓生长缓慢、产量低。在10cm深处平均地温达到9.5℃即可萌发，菌丝在10～30℃都能生长，18～23℃生长最快，超过28℃生长缓慢，低于9℃或超过30℃猪苓停止生长。根据此特性，可以进行适时合理的田间管理，调控猪苓生长温度，实地调查中发现，当地农民的温度管理措施主要有：夏季遮阴降温、适量浇水降温，冬季栽培窝覆盖树叶、秸秆保温，栽培窝表层盖土稍厚保温等。

（1）遮阴降温　夏季遮阴降温对猪苓的生长有着极好的促进作用，因此，野外选择栽培地点时必须要有一定的遮阴度，林木覆盖度以50%～70%为好。即使在无高大乔木的山坡上、裸地上或平地也可采取搭建遮阴棚、控制杂草高度、覆盖杂草、树枝、树叶、秸秆等方式予以遮阴。

（2）适量浇水降温　夏季是猪苓生长的旺盛季节，如果遇到高温干旱天气，地温非常容易超过30℃使猪苓进入夏眠，停止生长，适量引水浇灌既可以满足猪苓的水分需求，又以可降低地温使猪苓处于最佳生长温度范围。调查中发现，猪苓栽培地不宜大水漫灌，否则会引起土壤板结，导致猪苓菌核生长氧气缺乏影响生长，建议有条件的地方实施喷灌或沿栽培沟小水灌溉。

（3）覆盖树叶、秸秆保温　猪苓适生区一般分布于山区，冬季气温较低，当地种植户主要的保温措施是栽培窝上覆盖15cm左右玉米秸秆、杂草或树叶。这样既可以为猪苓来年生长增加营养物质，又可以确保猪苓安全越冬，次年春季提前萌发。

（4）表层盖土保温　在海拔较高的猪苓栽培区域，种植户晚秋时在猪苓的栽培窝或栽培沟的龟背形顶部加盖5～8cm腐殖质土，以保持地温。有条件的地方也有在栽培沟上搭盖薄膜进行保温。

总之，各种利于夏季降温、冬季保温方法均可，目的是高温时段降温，严寒时段增温、保温，以最大程度的延长猪苓的生长时间，提高猪苓的产量和品质。

2. 水分管理

猪苓生长喜于湿润环境，土壤含水量在30%～50%菌核萌发率迅速提高，生成新苓（白苓）迅速土壤含水量在50%～60%适于猪苓生长，土壤水分若低于30%干旱伴随高温，猪苓即停止生长。长期土壤水分处于饱和状态，有可能会引起猪苓菌核腐烂，因此，水分管理对于猪苓正常生长至关重要的。

（1）山坡林地栽培的水分管理　山坡林地栽培猪苓，由于地表有大量杂草、落叶，并且上层的乔木、灌木有一定的遮阴作用，土壤中水分蒸发较慢，正常年份土壤含水量都适宜猪苓生长。但是夏季杂草生长离度超过30cm，就会大量消耗土壤中的水分和养分，因此必需人工割草或使用低浓度的农药控制杂草高度在30cm以下。在山坡上栽培时，应使栽培窝表面稍有凹陷，以便尽量多的收集雨水，并在每年加盖栽培窝时确保栽培窝表面有适当大小的凹陷。

（2）平地栽培的水分管理　平地种植猪苓，无高大乔木遮阴，水分蒸发姣快，但是一般距离水源较近，便于浇灌，所以夏季干旱时要及时浇水。有条件的地方最好进行喷灌、滴灌，不能大水漫灌，因为漫灌易使土壤板结，降低透气性，不利于猪苓生长；在林地、果园等平地，则应根据土质、地形以及季节等合理确定栽培窝的凹凸，比如土质偏砂性时，适当使之凹陷，土质偏黏时，则应适当凸起，以免积水。在雨季要确保排水渠畅通。

3. 营养管理

猪苓依靠蜜环菌提供营养，而蜜环菌的主要营养来源是枯枝、落叶，也可寄生在活树根下，因此，采用人工栽培时必须考虑到猪苓赖以生存的营养条件。蜜环菌生长的旺盛与否，决定着猪苓产量的高低。蜜环菌的生长状况是营养管理的风向标，若蜜环菌虽能生长，但菌索分枝较少，红色菌索及白色生长点极少，证明猪苓生长营养物质供应不足，需及时补充营养物质，否则猪苓生长受到影响。

（1）山坡林地栽培的营养管理　猪苓最适宜在次生的小灌木薪炭林中栽种，这种林地土壤中有密集交错的粗细树根、取之不尽的大量落叶，为蜜环菌提供源源不断营养，土壤中自然分布的蜜环菌及其他分解落叶的微生物也较多，腐殖质层深厚，为猪苓生长创造了有利的条件。由于猪苓生长周期较长，栽种后应经常检查，发现菌核或菌材外露要及时覆土盖草，为蜜环菌增加营养供应。

（2）平地栽培的营养管理　平地栽培猪苓没有自然补给的枯枝、落叶，每年春冬两季应适时在栽培穴顶加盖一层10～15cm厚的树叶、杂草、秸秆，增加土壤营养；在猪苓生长期的第三年3～4月份更换栽培窝上层菌棒、菌枝，更换前将木棒和树枝用0.25%硝酸铵和高锰酸钾溶液浸泡46小时，实践证明用硝酸铵溶液浸泡木棒和树枝，补充了足够的氮源，能促进蜜环菌丝旺盛生长，菌材发菌快、质量好；也可在每年5～7月份加施猪苓生长素兑水浇灌，一般可增产30%。

（十）病虫害防治

1. 病害

一般为腐烂病，为害猪苓菌核，发病时猪苓常流出黄色黏液，失去特有香气，品质降低。

防治方法：段木要干净，无菌；苓场要保持通风透气和排水良好；发现病情应提前采收，苓窖要用石灰消毒。

2. 虫害

黑翅大白蚁，蛀食段木，使其不结苓，造成减产。

防治方法：苓场选择要避开蚁源；下窖接种后要在窖周围挖防虫沟；发现蚁害要寻穴毒杀或用黑光灯诱杀。

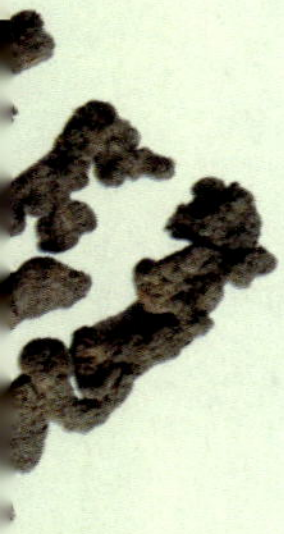

蛴螬　取食植物地下部分，终年在地下活动，可啃食萌芽的种子，咬断蜜环菌的菌丝、菌索，影响蜜环菌生长。还可蛀食茯苓、猪苓的菌核、天麻块茎等，形成孔洞，使植物生长衰弱，直接影响中药材产量和品质。同时，伤口有利病菌侵入，易于诱发病害。

防治方法：下种时窖底可施用50%西维因可湿性粉剂，每窖150～200g，上铺一层薄土。

二、猪苓的半野生栽培技术

猪苓的窖式培养成本较高，有些地方采用半野生栽培方法可以节省劳力，减少投资，提高经济收益。

（一）半野生栽培的环境条件

选取土层较厚、腐殖质较多的灌木丛生的阔叶林或混交林。试验表明，在灌木丛生的地方猪苓生长较好，尤其是次生的小灌木薪炭林最为适宜。这种林地土壤中有密集交错的粗细树根，腐殖质较厚，并有取之不尽的大量枯枝落叶，可以成为蜜环菌所需营养的来源。地势上应选择较平坦，坡度小于15° 的缓坡地和洼地，但易积水的地方不宜栽培猪苓。半野生栽种猪苓主要靠自然雨水浇灌，保持稳定的土壤湿度是提高猪苓产量的关键。为防止土壤水分大量蒸发，宜选择有一定林木遮阴条件，并能透过一部分阳光的林地。猪苓的菌核在地温低于8℃及高于25℃时就会停止生长。为保证猪苓有尽可能长的生长期，各地应根据本地的实际情况来选择种植地，如在海拔1000m以上的山区或在我国的北方地区，应选择背风向阳的南坡；而在南方的山区，则应选择东西二面的二阳坡，以避免夏日长期曝晒导致土壤温度过高，影响猪苓的生长。另外，还要注意不要选择陡坡、山沟边及山道旁栽种，以免被雨水冲走或遭到踩踏。

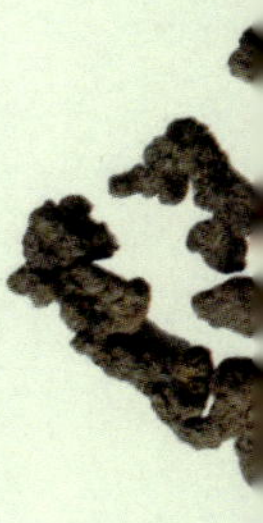

（二）栽培方法

1. 靠树根栽培法

半野生栽培法一般选用直径3～5cm的树枝作菌材，锯成30cm小段，每3～6cm砍一个鱼鳞口，两面错开。菌材的培养方法参照窖养菌材的方法，只是排列稍密一些。选择好栽培林地后，在大树旁灌木丛中，扒开腐烂枝，挖1

个宽约10cm、长30cm的坑，找到一根比较粗（直径4～5cm）的树根，在树根上砍鱼鳞口，下面垫上一层落叶，将一根长30cm已培养好的菌材紧贴其放置，并将菌材上生蜜环菌的鱼鳞口朝向树根，再把掰成小块的苓种放在菌材的鱼鳞口，使苓种的断面与蜜环菌结合，上面盖上落叶，然后用细土盖上，轻轻压实，再盖上枯枝落叶，任其自然生长（此法实践中已被淘汰）。

2. 坑栽法

为避免杂菌传播，最好一坑一窖。在乔木或杂灌木林小树丛间挖坑，坑深30～35cm，宽70cm，长110～120cm。坑内最好有大量的细树根或须根，大面积栽培时，不可能每坑都有根，因此林中坑可连片挖。在环山林地，采用环山梯地式栽培挖成深30～50cm，宽70cm，长根据地形可长可短的槽。如果坑内遇到较大的侧根，不可挖断，可在侧根上砍些鱼鳞口，以便蜜环菌侵染。

坑或沟槽挖好后，刨平坑底，先铺一层事先用水浸透的树叶或枯枝落叶，压实厚1cm；然后在树叶上摆棒下种，棒长50～60cm，粗8～10cm，每窖放5根。在长的沟槽内，每放5根后间距10～15cm，再放5根，依次摆放，也构成小窖状。

摆棒以下有3种方法。

（1）菌枝加树棒伴栽　将备好的树棒5根摆在压实的树叶上，棒间距10cm。将种苓250～300g放在棒的两侧和两端紧靠棒。取新培育的菌枝1kg，夹放在种苓两侧和树棒间，一端必须紧接种苓或鱼鳞口，然后在菌枝、种苓及树棒间空隙处填加树枝节（长10～15cm，粗1.5～2cm）1.5～2kg（栽前也须浸泡）。粗细搭配，压实填满，然后加腐殖土盖平，填实，不能有空洞，否则在空洞处易积水造成杂菌感染。

（2）蜜环菌种、树棒伴栽　这是一种新的栽培方法，人称“猪苓菌核和蜜环菌纯菌种伴栽法”，其用棒、苓种和栽培方法均与菌枝、树棒栽培方法相同，但每窖用蜜环菌菌种（三级种）1～1.5瓶，既省劳力，又简便操作，还可有效地防止杂菌感染。

（3）菌材加新棒栽培　此法为最传统的方法。其用料和栽培法与前基本相同，不同的是用2根新培养的菌材加3根树棒，或5根菌材加2根新棒。此法传菌慢，若猪苓营养接替不及时，产量会受影响。

栽完后要盖土封顶，在栽好的坑上盖15cm的土。坑面要平不垒顶，便于保水保墒。如果采用环山梯地式栽培，则先挖成水平梯地，再挖内槽，但要严防由上层台阶挖下来的土盖在下层台阶上，封顶土层过厚，使坑内透气性差，猪苓生长较差。

猪苓喜欢阴凉湿润的环境，干旱高温对其生长影响很大，因此林中必须要有良好遮阴。猪苓也怕积水浸泡，排水不畅，湿度过大，会引起猪苓腐烂，因此栽培选地要排水良好。在暴雨后应及时检查坑面，如覆土被冲，应及时补上，防止露棒。

在低海拔区，夏季地温过高，要注意遮阴降温。在高海拔区，气温地温偏低，特别是光照不适时，要及时砍掉过高的树枝，增加光照度，提高地温。要及时清除坑面上杂草，因为杂草吸收水分，会造成土壤干燥。另外，杂草聚集遮阴较高，易使地温降低。

三、猪苓纯菌种栽培法

用纯菌种栽培猪苓，通常60～100天可形成菌核，100天左右菌核可长到约100g，3年后产量约为每平方米30kg。纯菌种栽培一年半即可采挖猪苓，比非纯菌种栽培的提前2年，产量也大幅提高。采苓时，可将小块猪苓继续留在窖内添以新树棒和枯枝落叶后继续培养，3年后又可收获。

1．蜜环菌+猪苓菌棒模式

将已打孔、孔内接有猪苓纯菌种的树棒摆放于填有树叶的窖底，用新鲜小树枝填隙，在层面及菌棒两头撒蜜环菌菌种后覆一层树叶，再覆厚3cm的腐殖土。继续铺树叶—放菌棒—填树枝—撒菌种—盖树叶，最后覆土及用树枝落叶覆盖。

2．猪苓菌+蜜环菌棒模式

即在打孔棒上，间孔分排接种两排猪苓菌种和蜜环菌菌种。接种的树棒直接下窖栽培，摆放时接蜜环菌的那排孔朝下埋入腐殖土内，接猪苓菌种的这一排孔朝上，露在空气中，上面覆盖地膜。

3. 蜜环菌种+猪苓菌种+代用料模式

与蜜环菌种+代用料+苓种栽培模式相似，每平方米用优质猪苓菌种和蜜环菌菌种各500g。下层撒蜜环菌菌种，上层撒猪苓菌种。穴播一行猪苓菌一行蜜环菌。

第三节　采收与产地加工

一、猪苓的采收

1. 野生猪苓的采收

野生猪苓呈不规则块状，药农们常根据其形状和大小分为“猪屎苓”和“鸡屎苓”。猪屎苓的特点是块大，大小不等，分布不均匀，有椭圆形的像土豆，或长形的略扁而弯曲，或分枝样像生姜。它们集聚在一起生长，称之为“一窝”或“一坑”。每窝少者几千克，多者可达40kg以上。鸡屎苓块小，分布均匀，大小基本相等，每窝少者0.25kg以下，最多也不超过5kg。其共同特点是外表面呈黑褐色，似煤块样，但无煤样光泽，与空气接触后很快变黑，并产生光泽。表面粗糙，有瘤状突起，凹凸不平，整体有皱缩，体坚而实，断面呈白色或黄白色。

野生猪苓生于茂密的森林地下，除了产生子实体的短暂时间之外，多数情况下没有地上部分作为标志，因而给野外采挖带来了一定困难。猪苓多在夏秋多雨季节产生子实体，产生率为10%～15%。这是发现猪苓的最佳时机。应选择阔叶林或混交林，在纯松林中没有猪苓分布，树种以椴树、桦树、枫树、栎树类、柞树、椋树类为好。子实体即为猪苓蘑菇，特点是有较大的主干生成，而后反复分枝，上面长满了小蘑菇，表面雪白，高于地面10～30cm。3～5天后开始变色腐烂，逐渐由白色变为淡褐色至褐色，最后可干缩成为乌黑色，由于猪苓的子实体具有大而多分枝的特点，与其他菌种的蘑菇有明显的不同，即使干缩成乌黑色，有经验的药农也不难将之辨别出来。野生猪苓一般埋藏较浅者才生长出子实体，在子实体的下方只要除掉盖于表面的腐烂枝叶和浮土通常就可以看到猪苓。

生长猪苓的地方土壤肥沃，土层较厚，多为褐色土，土层呈现团块状或疙瘩样，多杂草和灌木丛生，草色青乌而茁壮，但细看其叶尖常发黄发枯，好似缺少水分，如在一些死后老树根的周围则有猪苓的可能性更大。据一些老药农的经验之说，在连续阴雨之后，天气突然放晴时，清晨到高处瞭望，如见某地面似有雾笼罩，此地则可能有猪苓。

约有20%的猪苓暴露于地面，常被多年的树叶覆盖，它本身呈褐黑色，与枯死的树根相仿，所以不易被人发现。但若要用棍棒拨开树叶仔细寻找也不难发现。特别是在暴雨之后，有的地方枝叶和浮土被冲走，就更容易找到猪苓。如发现枯叶中有被水冲来的猪苓块，则可向来水方向找寻，猪苓可能在此不远，因有树叶杂草等的阻挡，其流动不会太大。

野生猪苓常成对生长，药农们称之为“对窝”。如已经找到一坑后在此不远处还会有第二坑，一般在距原坑的0.3～5m处。

猪苓采挖应采大留小，保护资源。采后将留下的部分覆盖上树叶，上面再压上一些土，以利于猪苓的再生长。

图3-1　猪苓的采挖

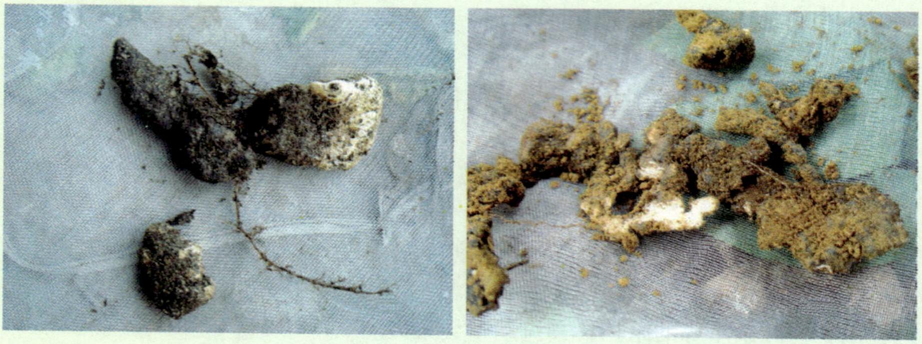

图3-2　刚采挖出的猪苓

2. 栽培猪苓的采收

栽培猪苓从下种到成熟需要3～5年，一般在4～5月或9～10月采挖。猪苓为多年生真菌，可采老留新，但要添加菌材，如要扩大生产可边挖边栽。

二、猪苓的产地加工

猪苓的加工方法比较简单。菌核采回后，除去泥沙和菌索，洗净，直接晒干或切片后晒干即可。

第4章

猪苓特色适宜技术

第一节 陕西略阳猪苓生产适宜技术

2009年第88号国家质量监督检验检疫总局批准对略阳猪苓实施地理标志产品保护。略阳县区域猪苓特色适宜生产技术如下：

一、种源

多孔菌科真菌猪苓*Polyporus umbellatus*（Pers.）Fries的猪屎苓栽培类型。

二、立地条件

海拔1000～1800m，坡度≤30°；土壤为透气性强的腐殖质土和砂壤土，土壤pH值5.5～7。

三、栽培管理

（一）栽植时间

冬栽11～12月；春栽3～4月。

（二）林地选择

选择壳斗科、桦木科、蔷薇科等乔灌木林地。

（三）种苓选择

选取健壮、无病虫害、菌核弹性好，断面白的野生和人工栽培的灰苓或黑苓。

（四）栽培方法

沿着树根挖坑，大小因地形而定，一般长60cm、宽60cm、深25cm，坑底挖松平整后覆盖一层厚的树叶和腐殖土的混合物；然后把3根新树棒和2根培育好的蜜环菌棒相间排放在坑中，棒与棒间3cm；接着取种苓300g，均匀地摆放在菌棒两侧，并将1.5瓶蜜环菌菌枝夹放在新树棒和树枝周围；最后覆盖树叶和腐殖质土的混合物10～15cm，整理成驴脊梁状，即可。

四、田间管理

（一）保湿

每年秋冬季在猪苓栽培穴顶加盖一层树叶。

（二）防涝

降雨量多时，及时开挖排水沟，排除积水。

五、采收和加工

栽种3～5年采收，采收时间每年11月至次年3月；洗净晒干。

六、质量特色

（一）感官特色

个大呈柱形，类圆形或扁块状，体重、质硬、皮黑有光泽，断面白色或黄白色。

（二）理化指标

个重≥3g，猪苓多糖≥0.8%，总灰分≤9.0%；酸不溶性灰分≤1.5%；水分≤12.0%。

（三）安全要求

产品安全指标必须达到国家对同类产品的相关规定。

第二节　九寨猪苓生产适宜技术

2011年第172号国家质量检验检疫总局批准对九寨猪苓实施地理标志产品保护。九寨县区域猪苓特色生产适宜技术如下：

一、菌种

猪苓的菌核依其生长年限及成熟度，分为老苓、黑苓、灰苓、白苓四种，一般无性栽培时，多用灰苓作种，有时也可用黑苓，白苓系新生的嫩苓，生活能力极差，一般不宜作种用。

栽培猪苓的另一必不可少的菌种就是蜜环菌，一般可使用蜜环菌种直接伴栽，也可先培育菌材，然后播种猪苓，两种方法均可。

二、猪苓无性栽培

系指苓种不经过有性育种（繁种）阶段，而使用猪苓菌核即其苓块组织直接播种的栽培方式，生产上一般使用灰苓作苓种用于栽培，基本程序及操作规程如下。

（一）栽培季节

除土壤冰冻无法下种外，其余季节均可实施栽培，尤以每年11月至来年5月为最佳。

（二）栽培场所

半阴半阳的山坡上、树林下、苗圃林荫下、果树下等场所均可，但要求栽培场所内不得长期积水。

（三）苓种选择

一般应使用100g以下的灰苓作为苓种，最小为30g，大者亦不超过100g，但生产中往往难以满足要求，故可将大块菌核从其离层处掰开，或者从其延伸生长的细部掰开，使用均匀的50～80g苓种。没有灰苓时，可使用黑苓，需进行掰块，一般每块可控制在70～120g。应注意菌核自身无病、无虫、色泽正常、无碰痕伤斑等，每平方米栽培面积准备约1kg。

（四）蜜环菌选择

使用蜜环菌种加段木栽培时，选用优质、健壮的蜜环菌种2瓶、鲜（湿）段木40～50kg；或者菌种1～2瓶、菌枝3～5kg、段木40～50kg；使用菌材直接栽培时，每平方可准备菌材45～50kg。

（五）树叶准备

凡是阔叶树种如杨、栗、柳、桐、果树等树叶均可，用量按栽培面覆盖10cm厚的数量准备，一般可用干树叶堆集后喷水，使之充分湿润、软化为宜。

（六）栽培沟（窝、畦）修建

室内栽培：可使用空心砖或红砖之类“干打垒”形式砌高40～50cm，宽100cm左右，长度不限。底层垫沙土30cm厚，对畦内喷洒800倍多菌灵（粉剂），进行杀除杂菌，2～3天后即可用于栽培。

室外栽培：在山坡上可选20°～50°的土山坡，挖深30～50cm、长宽约1m的栽培坑，并将坑底挖松约20cm。注意要点：一是要有适当遮阴度，最好在6～8月份时遮阴度在60%～80%，以免土层直晒后水分大量流失，使热量传导至坑内，影响猪苓及蜜环菌的生长或生存。二是坑深以斜坡下部的深度为准。

在林荫下、果园内、平地上的栽培：可挖深30～50cm、宽60～100cm、长度不限的栽培沟。

在裸地上或遮阴度严重不足的平地上栽培：栽培沟可参照林荫下挖建，可以采取种植南瓜、丝瓜等长蔓植物遮阴的方式，也可在栽培沟表面覆以秸秆、杂草遮阴。总之，以尽量减少地表水分蒸发为目的。

平地上的栽培，关键的要素是选择的地块应尽可能达到既保水又不积水的要求，这就要求该地块的土壤质地应疏松，但又不是漏水漏肥的纯砂质土，并且在汛期土壤渗水性较好、地表不形成积水，具体可根据情况考虑选择。

（七）栽培操作

使用蜜环菌菌材栽培：在栽培畦（窖、沟）底排放一层间隔7～15cm的菌材，有条件者可先铺一层2～5cm厚的树叶，然后即排放菌材，填充沙土，与菌材持平，采取大约平均分布的办法，在蜜环菌菌索较多处排播苓种，一般每平方面积上可排播10个左右，并注意苓种之间的距离应基本相同。播上苓种后在上面撒铺一层已经预湿的树叶，2～5cm厚度即可；然后再排放一层菌材，后同上。撒铺一层树叶后，填沙土15～20cm厚度稍拍实。山坡上栽培时，应使栽培窖表面稍有凹陷，以便尽量接收雨水，并同时使周边植被茂盛，既保持水土，又使之遮阴。在林地、果园等平地，则应根据土质、地形以及季节等合理确定其凹凸，比如土质偏砂性时，适当使之凹陷，土质偏黏时，则应适当凸起，以免积水，并且，汛期一般应使之稍有凸起，也是为了避免积水。在室内栽培时，则不必有此顾虑，直接覆平，正常管理即可。

使用蜜环菌种栽培：无法施用菌材栽培的情况下，可使用蜜环菌种加段木直接进行栽培。基本操作程序同菌材栽培法，只是用段木替代菌材，并在段木上适当“砍花”或打孔，以使蜜环菌能尽早地对段木形成侵染，早日长出菌索并与苓种结合。

注意要点：一是蜜环菌种繁殖（继代培养）代数要少、菌龄应适当，老化、退化的菌种一律淘汰；二是菌种播入时应塞进段木的砍口或钻孔内，尽量结合紧密；三是段木砍口只破坏其皮层即可，不必深入木质部，砍口应斜向进行，使皮层外翘，以便塞入菌种。

三、有性栽培

所谓有性栽培，就是采用生物技术如孢子分离、组织分离等手段，分离出猪苓的非组织块茎菌种，该菌种保持其菌丝体形态和特征，将其与蜜环菌结合后生长出猪苓菌核即其块茎组织。

其菌种的分离有两种基本方法，即组织分离和孢子分离，分别简介如下：

（一）菌种制作

1.组织分离

即菌核分离或块茎分离。基本方法为：首先，制作接种用培养基，配方为PDA培养基中加入麦芽糖15g、蛋白胨5g、磷酸二氢钾3g、硫酸镁2g、食母生4片、维生素B_1 1片，常规操作，制成斜面或平皿，熏蒸待用。其次，选取刚刚挖出1～2天、无病虫害附着、健壮、饱满、新鲜的灰苓，用清水冲洗后，于无菌水中浸泡5分钟，使用0.3%新洁尔灭冲洗表面后，进入无菌操作阶段，即可带入超净工作台，然后使用0.2%升汞溶液擦洗表面，待用。第三步，手术刀经灼烧灭菌后，将猪苓菌核表皮组织削去一层，每削一次更换一只刀片，再将内核组织切成3～5mm厚的片，纵向切至2mm宽、长度为3～5mm。预先配制0.2%金霉素溶液，将猪苓种片从中蘸一下即可取出，随即用接种针、铲接入培养基试管或平皿中；注意整个操作过程应符合无菌要求。接入试管的菌核组织块，在25℃条件下经3～5天，即可萌发出新生菌丝，再过3～5天，其气生菌丝即可深入基质内，培养基外的气生菌丝约15天即可变为褐色，开始老化，正常生产应在气生菌丝为白色、并有部分基内菌丝时，开始转接二级种，或者在气生菌丝占据斜面2/3左右时进行低温保存，待转接。

2.孢子分离

即利用猪苓子实体所产生的孢子作为种源，既可先培养纯菌丝，亦可直接将孢子进行播种。基本方法有三种：第一种，将猪苓所产生的子实体（猪苓花）成熟后晾干，打碎成粉，该粉中即有大量猪苓孢子存在，栽培时将其作为种源播入即可。第二种是将猪苓子实体鲜品直接打碎后播入。第三种是采用孢子分离技术获得猪苓纯菌丝，按一、二、三级的菌种制作程序进行常规生产，最后使用其二级或三级种作种源，与蜜环菌进行同播即可。

（二）栽培方式

程序及操作基本同无性栽培，只是猪苓种源有所不同。一般可按每平方栽培面积2瓶的用量使用。

（三）注意要点

首先，取得猪苓子实体后，应使用无菌水进行冲洗，以防表面带有杂菌或活虫及虫卵等；其次，在进行打碎之前使用升汞溶液冲洗一次，晾干后再打碎处理；第三，获取孢子进行纯菌丝培养时，应密切观察，25℃条件时每天至少检查一次，以防某些病菌被其菌丝掩盖；第四，提前做好计划，周密安排时间，以防菌种老化。第五，有性栽培时，要求将段木钻孔后，将猪苓菌种塞入孔中，以最大程度的保持其活力。

四、管理措施

（一）温度管理

猪苓作为一种真菌，其与蜜环菌形成的寄生与反寄生关系或称共生关系，基本上确定了它们的习性相仿的特点，一般情况下，当温度达到12℃以上时，二者开始萌发，达到14℃时猪苓即开始膨胀长大，蜜环菌才能够进入正常生长代谢阶段；此后随着温度的提高，如达到26℃以上，二者的生长均受到抑制，达到30℃时，即进入高温休眠。根据该特性，可以进行合理地调控，比如适量浇水降温、遮阴降温等。实践表明，遮阴降温对猪苓生长有着极好的促进作用，所以，野外选择栽培地点时必须要在树荫下，但是，即使在荒山上或裸地上，也可采取搭建阴棚、种植长蔓型植物等方式予以遮阴。实际生产中，根据具体条件合理设计与操作，将猪苓生长的土层中温度控制在28℃以下，即可满足其生长需要，这是夏季管理。冬春季节则应采取适当覆盖草苫、柴草、秸秆，或在栽培沟上搭盖塑膜等进行增温，各种方法均可，目的是增温、保温，只要使土层内保持12℃以上，猪苓即可缓慢生长。注意尽量不要使温度降至8℃以下（-20℃不死亡），以最大程度的延长猪苓的生长时间。

（二）水分管理

苓种或菌种等在运输操作中不可避免地会受到某些外力的撞击、揉搓等，导致其带伤播种，正常条件下，伤口愈合需要约5天，因此，播种后不要即刻浇水，约1周后方可浇透水；此后，根据土质状况及气候状况，每7～10天浇一次水，使沙土湿润；沙土含水率一般在30%～40%。注意春夏之交季节如有干热风、大旱天气等，则应加大浇水频率，并需每月应至少灌透水一次，否则将因过度干燥使蜜环菌菌索生长缓慢、活力降低或死亡。

（三）保护管理

第一，遮阴管理。遮阴的主要作用一是降温，二是防止水分过量蒸发流失，如在室内栽培，不存在遮阴问题。但在山坡、果园及平地的栽培时，则必须采取遮阴措施，主要方法：依靠原有树木的遮阴、种植长蔓型植物、搭架遮阴、搭架后利用秸秆、杂草类遮阴、植草皮，直接在栽培沟上覆盖秸秆、柴草等。第二，蓄水、排水。野外尤其山坡栽培猪苓时，春季干旱时，应将栽培坑（沟）下游方向稍加围高，以利保存和利用水分，但当汛期雨水频繁且雨量较大时，则应将栽培坑稍加屯高，以免存水。第三，猪苓生长过程是其菌核的膨大过程，需要相应的土壤通气性，因此，应防止人畜践踏，尤其牲畜的践踏，将使栽培坑被踏之下陷，既破坏了猪苓的生长微环境，又使之下凹积水。

五、采收与加工

（一）采收时间

利用蜜环菌菌种或菌种进行人工栽培时，一般2～3年即可收获。采收的标准是：开穴检查，黑苓上不再分生小（白）苓或分生量很少，甚至猪苓已散架时，可及时予以采挖。如果蜜环菌菌材较硬，或使用的段木较粗，可以只收获老苓、黑苓及灰苓，留下的白苓继续生长，如因段木已被充分腐解、不能继续为蜜环菌提供营养，则必须全部起出，重新进行栽培。

（二）采收季节

一年四季均可采收，如果是规模化栽培，可分批采挖，也可随用随挖。但是，在12月至来年2月期间采收时，应选择晴好天气，并采取适当的保温措施方可，否则，尽量不在该季节采收，以防冻伤。2～11月份，除雨天外均可安排采收。

（三）采后处理

收获后的猪苓，首先必须进行分级，灰苓可直接用于无性栽培播种。老苓、黑苓则按其个体大小分级，利于统一安排加工；其次，将黑苓用清水冲洗，将不慎采挖破损的黑苓用作分离菌种，或切块后作为无性苓种，个体完整无损的，则用于晒制加工，根据温度气候状况一般晒5～10天即可晒干，使含水率达10%～12%时，即可作为商品出售或保存。猪苓也可采用烘干的加工方法。

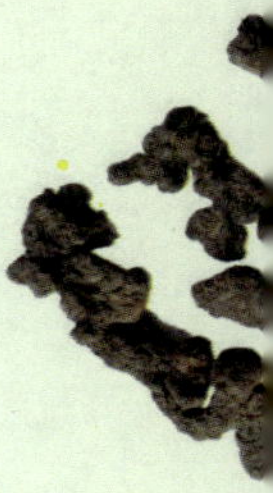

六、九寨猪苓质量特色

（一）感官特色

呈类圆形或扁块状，有的有分枝，长度≥5cm，直径≥3cm，表面黑色、灰黑色或棕黑色，表皮较光滑或略皱缩，体轻，质硬，断面类白色或黄白色。

（二）理化指标

猪苓多糖含量≥5%，灰分含量≤11%，水分≤11%。

（三）安全及其他质量技术要求

产品安全及其他质量技术要求必须符合国家相关规定。

图4-1　九寨猪苓栽培地

图4-2　九寨沟玉瓦乡栽培地

第三节　甘肃陇南县猪苓生产适宜技术

甘肃陇南县猪苓特色生产适宜技术如下：

一、场地选择

选择海拔高度1200～1600m的林下，坡向东南或西南半荫坡，土层深厚、排水良好腐殖质多而疏松的砂质壤上。选择植被物为栎、槭、桦等林下，兼能蔽阴、供排水方便、通风开阔的场所最为理想，不选用黄黏土及涝洼积水之地。

二、选时栽培

每年最好在春季3～4月或秋季7～8月，这时猪苓正度过休眠期进入生长期，蜜环菌也处在生长期，两者可相互建立良好共生关系。

三、选材备料

选用新鲜、洁净、无污染的壳斗科树种麻栎、青冈树枝，择以3～6cm粗、40cm长的树枝截段作菌材。

四、优选良种

（1）猪苓良种选用采集来自于野生的小猪苓菌核。在选种时，要选择猪和马粪状的作种苓。

（2）菌核乌黑质坚的再生能力弱，只能作商品，不能用于作种苓。新生的一二年菌核灰黄色，用于捏压发软的均可作种选用。

（3）选种时间为10～12月份，此时核浆定型，停止生长，基本进入休眠期，含有机物质多。

五、蜜环菌来源

（1）使用正规菌种厂家培育的蜜环菌*Armill mellea*（Vahl. Fr）Karst种，或者使用未曾受污染的野生蜜环菌质体作菌种。

（2）择蜜环菌索生长旺盛的山野寄生树种作木段，以利猪苓菌核接触菌丝体而得到良好的营养。

（3）选择出优质菌柴和培植出优质蜜环菌，猪苓菌核才能正常地健康生长。

六、栽培方法

（一）建立菌床

开挖100cm宽供栽培猪苓的沟床，长度根据地形来确定。

（二）栽培深度

由于猪苓喜阴凉怕热不怕寒，在培育时，窝深应在40～50cm，长宽各70cm。荫蔽的地方要浅，日照充足的地方要深。

（三）种核埋植

栽培前首先要培育好蜜环菌生长的菌材，采用短棒顺堆排放在坑内，再接种上蜜环菌种，盖土20～25cm厚，自然湿度适宜，经过1～2个月即可使用。坑底土壤要疏松。把砍过鱼鳞口的新段木和蜜环菌段在窖内相间隔放，用腐殖质土或湿沙填充菌棒空隙，菌核种放在蜜环菌棒与新段木之间的鱼鳞口处。栽时选完整无伤的新鲜野生小猪苓，或把猪苓核分成小块，每块大小如核桃一般，用手指压紧使菌核扯断的菌丝断面与菌材紧密结合。每窝用种10～15块。坑窝上面覆土成弓背形，以利排水并提高地温。

（四）栽培程序

种植床下垫0.5cm厚的青冈树叶，上放备料截段并砍过鱼鳞口的青冈材树枝一排，加入陇南山地的野生蜜环菌或菌种场繁殖的蜜环菌种，或选用蜜环菌老材套新材，每根菌材棒间隔放入蜜环菌枝材，然后种入3～4个小猪苓菌核。第一层完成后即填充腐殖质土或干净湿河沙，用同样方法种植第二层：第二层种植完后，可在其上再放入一层菌材，但不再种植猪苓种和接入蜜环菌，而是进行覆土充填空隙，并整平后撒上一层树叶。

（五）覆土与遮荫

种植完毕，覆盖厚12～15cm的腐殖质土或砂质壤土，然后用树枝或茅草遮阴。

七、管理要点

（一）栽培管理

刚下种后的坑窝上方不宜脚踏畜踩，菌棒也不宜扒土翻动。到了夏秋季节，要进行一次检查，小心取出上层中的一至二根新柴，看蜜环菌是否生长健壮。如干旱就要洒水保湿，若渍水可开沟及时排除。检查完毕接种后须四周培土，三年后便可采挖。

（二）防旱防涝

栽培土壤或河砂的含水量约在60%为宜。

（三）防热防冻

栽培猪苓的温度在15～25℃为宜。若6～8月份发生高温天气，可在其栽培堆表面上部，覆盖一层树梢或枝叶。冬季气温低于-5℃，即需在入冬前加盖覆盖物。

八、病虫菌害防控

（一）虫害防治

侵害猪苓的虫害有蚂蚁、蝼蛄、螨类、跳虫、蚧壳虫和线虫等。简便有效的防治方法是用0.5%的敌敌畏800倍液，或90%敌百虫1∶500倍液等分别喷雾防治。

（二）病菌防治

猪苓如发生腐烂病、黑腐病、青霉、木霉、链孢霉、曲霉、根霉和毛霉、细菌、病毒等，一般防治方法是将被受污染的猪苓菌核捡出烧除，栽培场地进行全方位消毒，发病处喷洒1∶500倍多菌灵液防治。要选用抗杂菌能力强的高产良种。将生产场地的污染物全面清理烧毁。发现菌材遭有害病菌污染，应彻底清除，并拣出作废品处理。经常检查和清理有害基质和残留杂质污物。蜜环菌基质按NY5099执行，农药按GAP规定执行。

九、收获与加工

（一）采收

猪苓属多年生药用菌，一两年内产量不高，栽培3～4年后才进入繁殖旺盛时期。采收应在夏季至“立冬”前的晴天完成。

收获时要去老留幼，采收中要注意表面土层中的菌核。先用挖锄铲去表层土壤，然后翻起菌材，拣出猪苓。

猪苓外皮乌黑光泽，体重，坚实，断面洁白或黄色者为佳。色黑质硬的称为商品猪苓，也就是第一代第二代猪苓。色泽鲜嫩的灰褐色或黄色猪苓，一般核体松软，可作种核。

（二）加工要求

加工人员和厂房设施，符合GAP生产加工相关要求。

需干制的商品猪苓，先进行除杂，再使用生活饮用水清洗干净。清洗时在水中的浸泡时间不宜超过6个小时。清洗净后，按大小进行分类干制。

可采用日晒干燥的办法，也可使用烘干脱水设备。干制后猪苓含水量为11%～13%。

十、包装、运输及贮备

（一）包装

包装人员和厂房设施符合GAP规范。每批包装应有记录，其内容包括品名、规格、产地、生产单位、净含量、包装工号、包装日期等，并附有质量合格的标志。所使用的包装物应是清洁、干燥、无污染、无破损，并完全符合

GAP药材包装材料质量要求。

（二）运输

产品运输工具洁净、干燥、无污染，不与其他有毒、有害、易串味物质混运。

（三）贮备

保持仓库通风、干燥、避光，并具有防鼠、虫、禽畜的措施。仓贮期间地面要有防潮板，产品堆放与墙体保持一定距离，并做到定期检查，以防发霉、虫蛀。

第四节　陕西蓝田县猪苓室内控温栽培技术

陕西蓝田县东南部山区是猪苓产区，自2010年开始，吴佐斌等在山区采用室内控温栽培法，大大延长猪苓的有效生育期，使猪苓生长周期缩短，达到提前1～2年收获，产量增加1倍以上。赵红兵等引进外地猪苓纯菌种，再转管扩大培养成纯菌种栽培种，然后在山区密林坡地、山外塑料大棚、地下室或窑洞环境下进行纯菌种掰块木段伴栽、纯菌种木段打眼点种、纯菌种代用料木段伴栽、塑料袋熟料接种栽培、枝条作菌材繁殖种苓等试验，观察纯菌种猪苓生长情况，以筛选出适宜蓝田县栽培的猪苓纯菌种并提出其栽培技术规范，取得一定成效。

一、栽培时间

在海拔1000m以上山区，在冬季11～12月或春季2～4月栽培均可。

二、种苓选择

一般选当地生产的1～2年生灰苓作为种苓，种块重约50～80g，大块菌核从其离层处掰开种植，细长分枝型菌核，从其延伸生长的细部掰开。应注意菌核自身无病、无虫、色泽正常、无碰痕伤斑等。

三、栽培材料准备

（一）菌枝准备

培育猪苓用的树种为栓皮栎或青冈栎。这些木材质地坚硬，皮厚、有充足营养以供应猪苓生长。以头年10月至翌年2月上旬砍伐的树木最为适宜。选直径3～4cm长的枝桠，用砍刀或斧头斜切成5～8cm的枝段，两端的斜面断口越长越好，以便蜜环菌侵染。

（二）菌棒准备

选直径9～13cm粗的树木主干剔去细枝，锯成50～70cm长的木段，堆成井字形架晾晒；栓皮栎晒30天左右，青冈晒20天左右，使其减少部分水分而不致出芽为止。以便于蜜环菌侵染。

四、室外培育菌枝和菌棒

（一）室外培育菌枝

菌枝细短且携带方便，是经济实用的蜜环菌引子。应提前2～3个月培育。在室外培育时应选斜坡砂质地。顺坡挖长100cm，深30cm，宽60cm的坑，先在坑底平铺一薄层湿树叶。然后摆放2层树枝段，播入蜜环菌纯菌种，均匀播在枝段切口处。覆盖一层薄沙土，再摆两层枝段，撒入蜜环菌种。最后覆土7～9cm，大约培育1～2个月，菌枝即可长好。取出放通风阴凉处备用。

（二）室外培育菌棒

用长好菌丝的菌枝培育菌棒。一般在栽培猪苓前3个月左右培育。选斜坡砂质土地，挖长200cm，宽100cm，深36cm的坑，坑底摆一层菌棒，间距5～6cm，在棒两头及中间各放1～2个枝段菌种。用沙填实空隙至与棒相平。用同样方法再培育第二层。最后覆沙土6～7cm，上面盖枯枝树叶保湿。约20天浇一次水，保持沙内含水量45%～50%。2～3个月菌棒上菌丝即可长满。

由于室内培育菌枝及菌棒，使油砂、腐殖土等培养基质，大量残留蜜环菌分泌物，从而导致培养基质的使用年限缩短。为节省人力及降低生产成本，故培育菌枝及菌棒选室外坑培法或堆沙培育。

五、猪苓室内控温栽培技术

（一）栽培房的准备

在山区选闲置的土坯房，这类房窗户小，墙壁用土筑成，易隔热保暖，冬暖夏凉，适于堆土培育猪苓；其次为窑洞、山洞或防空洞。也有用隔热材料搭成简易房间，不留窗户，南北墙面仅留几个透气孔，这种房间栽培猪苓最好。

（二）培育基质的准备

最优培养基质为猪苓适生区的地表土，多为棕壤，腐殖质含量高，疏松透气；其次为油沙土，但油沙土中要加入树叶补充有机质。

（三）新棒加菌枝栽培法

在房间地面砌砖池，宽100cm，高36～40cm，长可按菌棒数量而定，左右砖块间留1cm缝隙有利于透气。砖池底铺5cm培养基质，上面盖一薄层经浸泡的栎类树叶，在树叶上摆一层新棒（新棒两侧砍两行鱼鳞口），填土至棒直径的三分之一处，在新棒鱼鳞口处放菌枝段，棒两头各放一个菌枝。猪苓靠近菌枝摆放，中间摆两块，棒两头各放一块。填土至棒平，再用同样方法培育第2层，最后盖土4～5cm，上面再盖一层树叶保湿。

（四）新、老棒伴栽法

先在房间砖池底铺5cm厚土，土上洒一薄层湿树叶，树叶上面摆新棒及老棒（已长满菌丝），一新一老，棒间距6～7cm，填土至棒直径的二分之一处，摆放猪苓种块，种块紧贴老棒菌丝密集处，中间放两块，老棒两头各放一块。填土至棒平，再用同样方法培育第2层，最后覆土4～5cm，上面再盖一层湿树叶保湿。

六、管理技术要点

（一）越冬加温管理

猪苓生长的最适温度为15～20℃，若10cm地温下降至12℃以下时，要在室内设置炉子及烟筒增温至15℃以上，也可在室内设置暖气片加温，或在土壤下铺设地热线加温。

（二）越夏降温管理

当伏天10cm土层下温度升至20℃以上时，结合浇水降低地温，尽量用深井水浇洒。

（三）水分管理

猪苓耐阴喜水，初春及冬季土壤含水量控制在40%左右，立夏以后水分蒸发量大，土壤含水量应控制在50%～55%，不可过于干旱。尤其在伏天，应勤检查，轻浇、勤浇水，保证猪苓菌核良好生长。

（四）换土

室内栽培猪苓的腐殖土，如使用3年以上，猪苓丝、蜜环菌丝的代谢产物会大量积累，会造成减产，因此，栽培4年以上必须换土。

第五节　陕西蓝田县箱栽法

箱栽法培养猪苓，首先要准备箱子，塑料箱、木箱、条筐均可，但松柏木的材料不能用，以为蜜环菌在其上不能生长。箱内四周用塑料膜贴衬，防止土、水外漏，箱底要保持渗水，透气。在长50cm、宽40cm、高30cm的塑料或其他材料箱中，一般每箱用腐殖土加沙子共15kg。两边斜坎呈茬、直径2.0～5.0cm，长10cm，2kg重左右的菌枝。为保证猪苓生长的后期营养，栽培猪苓时需要放置新坎回的菌枝。为保证猪苓生长的后期营养，栽培猪苓时需要放置新坎回的、数量和菌枝数量相等的新枝。然后均匀地放置猪苓种块100g。树叶200g，放在最上层用于保湿。菌丝第2年即可长满箱。

箱栽法的最大好处就是好管理，将其放在室内或保温箱内，湿、温度、容易控制，可延长猪苓生长期。每个月可查看一次，箱内腐殖土必须保持湿润，根据湿度需要定时（10～15天）在箱内喷水，一次喷水要喷透。室内空气湿度应不低于60%为宜。只要遮阴、自然通风、阳光不直射、生长温度控制在30℃

以内既可。

箱栽猪苓的关键：

（1）选好猪苓种和优质的蜜环菌菌枝，一定要加入等量菌枝的鲜枝。

（2）箱底不要封死，保证箱内的透气性。

（3）保持室（棚）内的通气良好即保证空气对流。

（4）湿度要适宜。

箱栽猪苓的培养时间一般跨两年，实际生长时间为10～12个月（华北北部），即第一年5～9月（随温度而定）栽种，生长3～4个月，越冬后第二年秋季收起。这是较理想的栽培方法。

第5章

猪苓药材质量评价

第一节　猪苓本草考证与道地沿革

猪苓首载于《神农本草经》，列为中品，曰“猪苓，味甘，平。主治痎疟，解毒，辟蛊疰不祥，利水道。久服轻身，耐老。一名豭猪矢。生衡山谷。”《神农本草经》中说明了它的功效主治和生境，以及命名，但是未提及植物或药材形态。

《吴普本草》：“如茯苓，或生冤句。八月采。”书中对猪苓产地的描述是“或生冤句”，可见猪苓并非只产于冤句，而是有的产于冤句。冤句又作宛朐、宛句，为今山东菏泽市。

《本草经集注》云：“是枫树苓，其皮去黑作块，似猪屎，故以名之，肉白而实者佳，用之削去黑皮乃称之。”

《新修本草》：“味甘、苦，平，无毒。一名猳猪矢。生衡山山谷及济阴、冤句。二月、八月采，阴干。”“今湘州、衡山无有，此道不通，皆从宁州来。旧云是枫树苓，其皮至黑，作块似猪矢，故以名之，肉白而实者佳。用之削去黑皮乃称之，比年殊难得耳。”《说文》云：“生衡山山谷及济阴、冤句、蜀、眉、龙州土底。”济阴为汉朝郡名，为今山东省定陶县西北，相当今山东省菏泽市附近。

《本草图经》曰：“猪苓，生衡山山谷及济阴、冤句，今蜀州、眉州亦有之”，“旧说是枫木苓，今则不必枫根下，乃有生土底，皮黑作块，似猪粪。”并附有龙州（四川江油）猪苓和施州（今湖北恩施）刺猪苓图各一幅。根据古代本草对猪苓生境和形态的描述，并参考《本草图经》及《本草纲目》猪苓附图，证明古本草所载之猪苓即多孔菌类多孔菌属猪苓之菌核。考《本草图经》所载：“今施州有一种刺猪苓，蔓生，春夏采根。”及施州刺猪苓附图，所指应为高等植物百合科土茯苓，并非猪苓。

《本草纲目》：“猪屎曰零（即苓字），其块零落而下故也。猪苓亦是木之余所结，如松之余气结茯苓之义。生于诸木根底，他木皆有，不定枫木始有，但枫木根底生者多耳。”李时珍认为他木皆有，枫树多之。

《植物名实图考》：“旧说是枫树苓，今则不必。枫跟下乃有。庄子谓之豕橐，功专利水。”其中指出，在此之前，猪苓多为枫树下生长，此时可不必。

《药材出产辩》云：“以陕西兴安县、江中府为佳。”

有关猪苓的产地，苏颂记载：“猪苓生衡山山谷及济阴（今山东曹县西北）、冤句（山东菏泽），今蜀州（四川崇庆）、眉州（今四川眉山）亦有之。”可见在宋代，猪苓主要集中产于山东、四川等地。《本草汇精要》基本赞同苏颂的看法，并提出龙州者良，即四川江油所产猪苓最佳。今用猪苓与古本草记载的一致，即为多孔菌类真菌猪苓*Polyporus umbellatus*（Pers.）Fr.［*Grifola* *umbellatus*（Pers.）Pilat ］的菌核。历代以山东、四川所产为道地，现今陕西、云南省，河南、甘肃、山西、吉林、四川等地亦产。

张贵军《现代中药材商品通鉴》收载猪苓主产于陕西凤县、石泉、镇安、商县；云南维西、中甸、丽江、大理、凤庆；河南洛阳、嵩县、卢氏；山西霍县、沁县、宁武；河北兴隆、丰宁、青龙等地。此外四川、甘肃、青海、辽宁、吉林、黑龙江、内蒙古、湖北等地也产。人工栽培已获成功。以陕西、云南产量大。陕西产者最为著名。

金世元《金世元中药材传统经验鉴别》收载猪苓分布较广，如云南丽江、香格里拉、维西、腾冲、福贡；陕西宝鸡、太白、凤县、留坝、勉县、宁陕、略阳、安康、丹凤；四川都江堰、北川、理县、金川、茂汶、天权；河北赞皇、平山、阜平、涞源、蔚县；山西文水、交城、岢岚、五台、兴县、代县、吉县；吉林通化、柳河、长白、抚松、靖宁；辽宁凤城、恒仁、本溪；黑龙江穆棱、黑河、铁岭，以及内蒙古、青海、贵州、宁夏等均产。以云南产量大，陕西质量优。

第二节　猪苓药典标准

为多孔菌科真菌猪苓*Polyporus umbellatus*（Pers.）Fries的干燥菌核。春、

秋二季采挖，除去泥沙，干燥。

【性状】 本品呈条形、类圆形或扁块状，有的有分枝，长5～25cm，直径2～6cm。表面黑色、灰黑色或棕黑色，皱缩或有瘤状突起。体轻，质硬，断面类白色或黄白色，略呈颗粒状。气微，味淡。

【鉴别】（1）本品切面：全体由菌丝紧密交织而成。外层厚27～54μm，菌丝棕色，不易分离；内部菌丝无色，弯曲，直径2～10μm，有的可见横隔，有分枝或呈结节状膨大。菌丝间有众多草酸钙方晶，大多呈正方八面体形、规则的双锥八面体形或不规则多面体，直径3～60μm，长至68μm，有时为数个结晶集合。

（2）取本品粉末1g，加甲醇20ml，超声处理30分钟，滤过，取滤液作为供试品溶液。取麦角甾醇对照品，加甲醇制成每1ml含1mg的溶液，作为对照品溶液。照薄层色谱法通则0502试验，吸取供试品溶液20μl、对照品溶液4μl，分别点于同一硅胶G薄层板上，以石油醚（60～90℃）–乙酸乙酯（3：1）为展开剂，展开，取出，晾干，喷以2%香草醛硫酸溶液，在105℃加热至斑点显色清晰。供试品色谱中，在与对照品色谱相应的位置上，显相同颜色的斑点。

【检查】 水分　不得过14.0%（通则0832第二法）。

总灰分　不得过12.0%（通则2302）。

酸不溶性灰分　不得过5.0%（通则2302）。

【含量测定】 照高效液相色谱法（通则0512）测定。

色谱条件与系统适用性试验　以十八烷基硅烷键合硅胶为填充剂；以甲醇为流动相；检测波长为283nm。理论板数按麦角甾醇峰计算应不低于5000。

对照品溶液的制备　取麦角甾醇对照品适量，精密称定，加甲醇制成每1ml含50μg的溶液，即得。

供试品溶液的制备　取本品粉末（过四号筛）约0.5g，精密称定，置具塞锥形瓶中，精密加入甲醇10ml，称定重量，超声处理（功率220W，频率50kHz）1小时，放冷，再称定重量，用甲醇补足减失的重量，摇匀，滤过，取续滤液，即得。

测定法　分别精密吸取对照品溶液与供试品溶液各20μl，注入液相色谱仪，测定，即得。

本品按干燥品计算，含麦角甾醇（$C_{28}H_{44}O$）不得少于0.070%。

第三节　猪苓质量评价

一、性状鉴别

猪苓菌核多呈条形、类圆形、扁块状或不规则形状，有的有分枝，长5～25cm，直径2～6cm。表面灰色、黑色、灰黑色或棕黑色，有许多凸凹不平的瘤状突起及皱纹，内部近白色或淡黄色。根据菌核形状把猪苓菌核分为“猪屎苓”和“鸡屎苓”。前者个头大、分枝少而短、菌核表面较光滑有瘤状突起、形似猪粪，俗称猪屎苓，质量较优；后者个头小、分枝多而细长、菌核表面皱缩明显凹陷深、形似鸡粪，称为鸡屎苓，质量次之。

猪苓子实体俗称“猪冬花”“千层磨燕”，多出现在每年的7～9月伏天连绵阴雨过后，此时外界环境气温较高、土壤和空气相对湿度较大，从接近地表或微凸出地面的菌核顶部长出肉质。菌柄基部相连成丛或小柄大量分枝，菌盖呈漏斗状密集重叠可多达数百个，大菌盖丛直径达29cm，子实体高37cm，小子实体菌盖丛直径仅1.6cm，高2.3cm。子实体多呈伞形或伞状半圆形，表面据放射状细纹，有细小鳞片，中部凹陷，菌盖和菌柄呈白色，菌盖下和小菌柄上密布菌管，管口为圆形或椭圆形。猪苓孢子呈长卵圆形至卵圆形。菌盖和菌柄的颜色随时间推移逐渐由白色转为灰色或褐色，5～7天即腐烂。

二、显微鉴别

猪苓菌核切面，由众多菌丝紧密交织而成。外层厚，菌丝呈棕色，不容易被分离；内部菌丝为无色，弯曲状，有的可见横隔，有分枝及结节状膨大。猪苓粉末呈灰黄白色。以水或斯氏液（甘油、冰醋酸、水等份混合）装片观察可见菌丝紧密交织成团状，菌丝间存在大量草酸钙方晶，大多数呈正方八面体形、规则的双锥八面体形或不规则多面体，直径3～60μm，长可达68μm，有时数个结晶结合在一起呈集合体存在。

三、理化鉴别

利用氧氧化钠溶液鉴别：称取猪苓粉末1g，置三角瓶中，加入稀盐酸溶10ml，沸水浴15分钟，搅拌，液体呈黏胶状。另称取猪苓粉末少量，置三角瓶中，加入适量氢氧化钠溶液，搅拌，液体呈悬浮状。

利用稀盐酸溶液鉴别：称取猪苓粉末1g，置三角瓶中，加入稀盐酸溶液15ml，置水浴上煮沸15分钟，室温放置24小时，呈胶冻状。

利用浓盐酸溶液鉴别：称取猪苓粉末1g，置三角瓶中，加入浓盐酸溶液15ml，置水浴上煮沸15分钟，室温放置24小时，不呈胶冻状。

利用稀碘酸溶液鉴别：取猪苓粉末少许，置三角瓶中，加入稀碘酸溶液适量，溶液不得出现蓝紫色或紫黑色。

称取猪苓菌核粉末1g，置三角瓶中加甲醇20ml，超声提取滤30分钟，滤过取滤液作为供试品溶液。取麦角甾醇对照品，加甲醇制成浓度为1mg/ml的溶液，作为对照品溶液。吸取供试品溶液2μl、对照品溶液4μl，分别点于同一干燥过的桂胶G薄层板上，展开剂为石油醚-乙酸乙酯（3：1），层析槽中展开，取出，晾干，喷以香草醛浓硫酸溶液显色，在105℃加热至斑点显色清晰。供试品色谱中，在与对照品色谱相应的位置上，呈现相同颜色的斑点。

四、含量测定

1. 猪苓中多糖含量的测定

目前猪苓多糖含量的测定方法主要有显色试剂-硫酸法、DNS法、滴定法、气相色谱法及高效液相色谱法。

田广文等对猪苓多糖苯酚-硫酸法测定条件进行了优选，得出1.0ml样液，加5% 苯酚液0.8ml、硫酸5.0ml，100℃水浴保温15分钟时结果最佳，据此以葡萄糖含量为指标，采用紫外分光光度法测定猪苓多糖的含量。张国伟等采用水提醇沉、Sevage 法除蛋白、透析和冷冻干燥制备相对纯化的猪苓多糖，采用高效液相法和硫酸-蒽酮法对猪苓多糖的含量进行研究，结果表明高效液相法较佳。另外，还可采用气相色谱法、离子交换色谱法、毛细管电泳法等对其进行含量测定。

李萍等以葡萄糖为对照品采用苯酚-硫酸法测定了人工白苓、野生白苓、灰苓和黑苓中多糖的含量。不同发育阶段猪苓菌株菌核多糖的含量不同，野生黑苓的多糖含量高达56.41mg/g，其次为野生白苓26.14mg/g和野生灰苓21.93mg/g，人工白苓的多糖含量最低，为15.95mg/g。随着菌龄的增加，菌核中多糖含量基本呈上升趋势。菌核多糖含量的高低顺序为野生黑苓＞野生白苓

＞野生灰苓＞人工白苓。其中野生黑苓菌核多糖含量约为野生白苓和灰苓的2倍，为人工白苓的3～4倍。由此可知，野生黑苓是猪苓菌核入药的最佳发育阶段，应选择野生黑苓作为商品苓。野生灰苓多糖含量较白苓低，这可能与蜜环菌的侵入有关，需进一步研究。人工白苓的多糖含量和发酵液中的多糖含量均较高，说明其合成猪苓多糖的能力较强，药用价值高，质量较优。

王贵发等以葡萄糖为对照品采用苯酚–硫酸法测定了猪苓多糖的含量。水溶性多糖的提取：称取粉碎的猪苓10.0g，用三氯甲烷、丙酮抽提，除去色素以及有机试剂溶解物，将药渣风干，放入500ml蒸馏瓶提取3次，合并提取液，减压浓缩至15ml，加乙醇沉淀，静置24小时，抽滤，残留物分别用无水乙醇10ml洗3次，再用丙酮10ml洗3次，乙醚10ml洗1次，干燥的棕色猪苓多糖1.45g。结果提取的猪苓多糖为褐色粉状物，标示含量为90.16%，RSD为4.00%。

雷萍等以苯酚–硫酸法测定猪苓液体发酵菌丝体粗多糖的含量，用葡萄糖与猪苓多糖注射液作标准品进行比较。结果表明，葡萄糖作标准品所测定的多糖含量稍大于猪苓注射液作标准品测定的多糖含量。

苏靖等以葡萄糖为对照品，采用硫酸–蒽酮比色法测定猪苓药用植物可溶性多糖和粗多糖的含量。结果不同生长发育阶段的猪苓含量差异较显著，总多糖最高含量是最低含量的3倍。此测定方法简单、准确、快速。以多糖含量为指标的质量最优。

2. 甾体类成分测定

猪苓含有的甾体类化合物主要有麦角甾醇（ergosterol）、麦角甾醇的过氧化物［5α-8α-epidioxy-（22E，24R）-ergosta-6，22-dien-3β-ol］、麦角甾酮［ergosta-4，6，8（14），22-tertraen-3-one］、（22E，24R0-麦角甾-7，22-二烯-3β-醇［（22E，24R）-ergosta-7，22-dien-3β-ol］、猪苓酮A（polyporusteroneA）及猪苓酮B（PolyporusteromeB）等。

麦角甾醇作为猪苓利尿作用的有效成分，目前已有较多的含量测定研究。赵英永等采用HPLC分别测定了猪苓中麦角甾酮、麦角甾醇的含量。利用RP-HPLC法测定猪苓中麦角甾醇的含量。其建立猪苓药材中麦角甾醇的RP-HPLC含量测定方法。方法：猪苓经甲醇超声提取后，用HPLC测定。采用Dia-mosilC_{18}（250mm×4.6mm，5μm）色谱柱，流动相为甲醇；流速为1.0ml/min；检测波长为283nm；柱温30℃。结果：麦角甾醇进样量在1.64～16.4μg范围内与峰面积呈良好的线性关系（r=0.9997）；麦角甾醇的平均回收率（n=5）为98.9%，RSD为1.2%。结论：采用RP-HPLC测定猪苓药材中麦角甾醇的含量，该方法灵敏、快速、准确。赵英永等在21个样品中麦角甾醇的百分含量范围为0.03%～0.27%，平均值为0.08%，不同猪苓药材，麦角甾醇的含量差异较大，其中陕西宁强的含量最高，山西太原的含量最低。陕西汉中、四川绵阳和甘肃天水的含量普遍较高。

赵英永等分别采用HPLC-FLD（荧光检测器）/HPLC-APCI-MS/MS和HPLC-UV检测器测定了猪苓中麦角甾酮的含量。样品的提取方法为：精密称取样品1.00g，置于具塞锥形瓶中，加甲醇20ml，称定重量，超声（400W，40kHz）1小时，室温放置，滤过，残渣用甲醇溶解并定容至2ml，取样品溶液过0.45μm滤膜即得供试品溶液。HPLC-FLD测定的色谱条件为：Inertsil ODS-3色谱柱（250mm×4.6mm，5μm）；流动相为甲醇-水（98：2）；流速1.0ml/min；荧光检测器的激发波长380nm，发射波长468nm柱温30℃；进样量20μl。质谱条件为：Waters 2996液相色谱-质谱联用仪（美国），色谱柱为Waters symmetry C_{18}柱（50mm×2.1mm，5μm）；流动相为甲醇-水（98：2）；流速0.4ml/min；大气压化学离子源，载气流速150L/h；毛细管电压为3.5kV，RFlens电压为0.8V，锥孔电压为50V；离子源温度为120℃，脱溶剂气温度为205℃。质量扫描范围m/z100-600Da。高效液相色谱-UV检测器测定的色谱条件为：Inertsil ODS-3色谱柱（250mm×4.6mm，5μm）；流动相为甲醇-水（96：4）；流速1.0ml/min；紫外检测波长350nm；柱温30℃；进样量20μl。建立的HPLC-FLD和HPLC-APCI-MS/MS方法首次用于分离、鉴别和测定猪苓种抗醛固酮化学成分麦角甾酮的含量，与普通的分析方法相比，HPLC-FLD方法提供了较强的专属性和较高的灵敏度，HPLC-FLD方法为生药猪苓中低含量麦角甾酮的测定提供了新的方法。同时，麦角甾酮通过HPLC-APCI-MS/MS方法也被定性表征。

袁丹等的研究表明麦角甾-4，6，8（14），22-四烯-3-酮可作为猪苓标准化指标成分，采用高效液相色谱法进行麦角甾醇、麦角甾-4，6，8（14），22-四烯-3-酮的定量测定，结合多糖的紫外分光光度法的测定，建立了以猪苓3种化学成分为指标的质量评价标准。Zhao 等采用 HPLC-APCI-MS 对猪苓中的8种甾体成分进行了分离和分析。

2003年，Dan等首次采用HPLC-UV法测定了猪苓中麦角甾酮的含量。提取方法是猪苓用甲醇超声提取。在测定的30批药材及饮片中，麦角甾酮的含量在0.0001%～0.082%范围内。这个结果显示麦角甾酮在不同的样品中含量差别很大。

王弘等采用HPLC-UV法同时测定了猪苓中麦角甾醇、麦角甾酮及采用蒽酮-硫酸法测定了猪苓多糖的含量。优化之后的提取方法是20倍量乙醇超声提取60分钟。在建立灵敏、可靠的HPLC定量测定方法的基础上，结合多糖的紫外分光光度法的测定，制订了猪苓麦角甾醇、麦角甾酮和多糖3种化学成分为指标的质量评价方法。本方法可系统、全面地对不同来源的猪苓药材进行质量评价，并为规范猪苓药材标准提供了科学依据。首次采用3种成分为指标的方法考察了不同地区猪苓商品药材、野生和栽培品的麦角甾醇、麦角甾酮和多糖的量。其中麦角甾醇最低量为0.091mg/g，最高量为0.963mg/g；麦角甾酮最低量为0.005mg/g，最高量为0.107mg/g；多糖最低量为2.992mg/g，最高量为

12.034mg/g，部分药材多糖量高达11.707mg/g、12.034mg/g，而另两种成分的含量却很低。以上结果表明，不同地区猪苓商品药材3种成分的含量差异很大，反映了猪苓药材存在的质量差异，因此应及时采用科学的质量评价方法，制定出猪苓各成分含量限度标准，进行质量控制。本方法的应用和实施可解决目前猪苓药材市场质量控制标准不规范、质量差异大的问题；另外建议对于多糖含量高而另两种成分含量很低的猪苓药材作为提取猪苓多糖的原料使用，由此可使猪苓资源合理使用。

赵英永等采用HPLC-APCI-MS同时测定猪苓种8个甾体类化学成分的含量，并和HPLC-DAD及HPLC-ELSD法进行了比较。用建立的HPLC-APCI-MS鉴定和同时测定不同来源的猪苓药材中8个甾体类化合物，以便评价其质量。测定了10批猪苓药材中8α-epidioxy-（22E，24R）-ergosta-6，22-dien-3β-ol（ER1）、（22E，24R）-ergosta-7，22-dien-3b-ol（ER2）、（22E，24R）-ergosta-7,22-dien-3-one（ER3）、ergost-4,6,8（14),22-tetraen-3-one（ER4）、ergosterol（ER5）、（22E，24R）-ergosta-6-en-3b，5a，6b-triol（ER6）、（22E，24R）-ergosta-6，22-dien-3b，5a，6b-triol（ER7）、polyporusterone F（ER8）的含量。在10批样品中8个化合物含量范围为0.971～20 828mg/g，其中陕西汉中的含量最高。化合物ER1、ER2、ER4、ER5、ER6及ER7存在于这10批样品中，但它们的含量差别较大，ER3和ER8的含量分别在5个样品中和3个样品中

低于定量限，因此只能够被检测而不能被准确地定量。结果表明，在不同来源的样品中，麦角甾酮的含量变化较大，这可能是遗传变异、植物基原、干燥过程以及储存条件等对这些化学成分含量变化有影响。另外，也采用HPLC-PAD和HPLC-ELSD法测定了部分样品中8个化合物的含量，由于化合物ER1、ER2、ER3、ER6及ER7的紫外吸收较弱，采用HPLC-PAD法仅能准确定量ER4、ER5及ER8含量。由于HPLC-ELSD法灵敏度较低的不足，仅能准确定量化合物ER1、ER2、ER4、ER5及ER6的含量。麦角甾醇（ER5）在猪苓药材中是含量最高的成分，可作为猪苓药材中的指标性成分，而ER4是一个抗酮固酮的利尿成分，但是它在猪苓中的含量较低。

3. 其他化学成分的测定

陈文强等采用原子吸收分光光度法、高效液相色谱等方法对秦巴山区野生与栽培猪苓菌核的氨基酸、水分、灰分、粗蛋白、粗脂肪、粗纤维、矿质元素、猪苓多糖等主要成分及含量分别进行了测定，结果表明，野生猪苓菌核主要化学成分高于栽培菌核。野生菌核中的水分、灰分、粗蛋白、粗纤维、粗脂肪比栽培菌核分别高10.7%、9.6%、39.9%、6.1%、9.4%。

郭顺星等对不同年龄的野生与家种猪苓菌核中的氨基酸进行了测定。获知野生和家种猪苓菌核均含有17种氨基酸，家种菌核中的各种氨基酸及总氨基酸含量均比野生菌核略高。总氨基酸的含量明显随着菌核生长年龄的增加而递增，野生与家种菌核的总氨基酸含量分别为一年龄菌核6.57%，7.44%；二年龄菌核8.75%，8.92%；三年龄以上菌核9.36%，9.66%。家种和野生菌核的异亮氨酸、亮氨酸和天冬氨酸的含量明显高于其他氨基酸。如二年龄野生菌核含异亮氨酸2.59%，家种菌核为2.03%。菌核中各类氨基酸含量，中性氨基酸＞酸性氨基酸＞碱性氨基酸。人体必需氨基酸中野生菌核最高含量为4.97%，家种菌核最高含量为5.20%。

郭顺星等对不同年龄的野生与家种猪苓菌核中的微量元素含量进行了分析。各种元素在野生与家种菌核中的含量无大的差异。家种猪苓含有17～21种元素，野生菌核含有20～22种。但野生与家种菌核年龄不同，其元素含量变化较大。野生菌核随着年龄的增加含量增加的元素有钙、铬、锶，减少的元素有镁、钠、铜；家种菌核随着生长年限的增加，元素含量增加的种类有镉、硼、硫，减少的有锶、钙、铬、铅、磷。值得注意的是，同野生菌核相比，在家种二年生菌核中，有5种元素的含量均低于一年龄和三年龄以上的菌核，野生菌核无此显著变化，其原因是否与栽培时二年龄猪苓菌核容易被所培养的旺盛蜜环菌侵染有关，仍待深入研究。

五、伪品鉴别

近年来，随着猪苓在抗乙型肝炎和抗肿瘤方面的广泛应用，其市场需求量逐年增大。猪苓药材来源主要还是野生，由于过度采挖猪苓已经成为濒危中药材，而目前猪苓栽培技术还不够完善，产量不高，猪苓栽培新技术推广不够，猪苓栽种面积小，因而猪苓市场价格一直居高不下，而且呈现逐年上升趋势，2011年的价格在每千克270元左右波动。不法分子因为利益驱使而不断造假，导致市场上出现许多种猪苓伪品。据报道主要有以下几种：

用因长时间放置而陈旧变色的茯苓冒充猪苓。长时间放置的茯苓饮片表面常被氧化变色而呈灰黄色，将其少量掺入猪苓饮片中较难被发现。鉴别要点：正品猪苓饮片的断面呈白色或灰白色，掺入的伪品断面颜色偏黄，正品断面边缘具黑而有光泽的猪苓皮与断面内部菌丝颜色区别明显，而伪品没有；显微鉴别中正品具有正八面体或双锥体草酸钙方晶而伪品中无草酸钙结晶；理化鉴别中猪苓、茯苓粉末中加入适量浓盐酸溶液和氢氧化钠溶液后，均呈胶体状。

用炒后变色的茯苓冒充猪苓。经过炒制后的茯苓饮片多呈黄色，将其少量掺入猪苓饮片中也不易被发现。鉴别要点：伪品表面颜色偏焦黄，而断面仍为白色。显微鉴别和理化鉴别方法与陈茯苓相同。

用红薯干、白芍根茎或淀粉经过黏合后冒充猪苓。鉴别要点：伪品颜色不够纯正，边缘不具黑色而有光泽的猪苓皮，断面有纤维状物存在。显微鉴别：伪品中无菌丝体，也不存在典型的正八面体或双锥体草酸钙方晶，同时多数可见纤维、导管、石细胞等高等植物才具备的组织和细胞。理化鉴别中，向药材粉末中加入碘液，由于伪品中含有淀粉而呈蓝紫色或紫黑色。

以某些建筑原料如胶水、石膏、滑石粉、墙粉、少许颜料等制成，有的还将淀粉或各种植物的细粉掺入其中。鉴别要点：伪品大多质地沉重，入水即沉，有的会遇水崩解或使水混浊；伪品表面手感过粗或过细，在强光下有的表面显现出晶亮的小点。显微鉴别：伪品中无菌丝体存在，却可见各种晶体，部分还有石细胞、导管、纤维、淀粉粒等高等植物的细胞和组织；理化鉴别的各项也多不相符合。

六、猪苓商品规格

猪苓的商品规格分为等级货和统装货，如大小不一的猪苓混装称统装货；如经大水挑选分档后（多用于出口），则可分出等级。

一等：每千克不超过32个。

二等：每千克不超过80个。

三等：每千克不超过200个。

四等：每千克200个以上。

第6章

猪苓现代研究与应用

伞形多孔菌 *Polyporus umbellatus*（Pers.）Fr.是担子菌门多孔菌科的一种药食两用真菌，通常生长在温带的栎树林下，其干燥菌核入药，为中药猪苓，具有利水渗湿的功效，主治小便不利、水肿、泄泻、淋浊、带下等症。现代研究发现猪苓含有丰富的化学成分，具有多种药理活性作用，因此受到药学及相关领域研究者的持续关注。

第一节　猪苓的化学成分

由于猪苓具有抗肿瘤和抗癌的功效，故科研工作者对其化学成分进行了大量的研究。到目前为止，猪苓的化学成分的研究结果表明，其主要的化学成分为多糖类和甾体类，另外还含有氨基酸、蛋白质、维生素及微量元素等。近年来猪苓的有效成分研究取得了一定的进展。

1. 多糖类化学成分

由于猪苓多糖具有抗肿瘤和抗癌的功效，故科研工作者对猪苓的多糖化学成分进行了大量的研究。到目前为止，猪苓化学成分的研究结果表明，猪苓多糖以杂多糖为主，分为水溶性多糖与碱溶性多糖。

主要由以下单糖组成：D–岩藻糖、D–木糖、D–甘露糖、D–葡萄糖、D–半乳糖、L–阿拉伯糖、L–鼠李糖。1973年日本学者首次从猪苓菌核中得到一种水溶性多糖，在（1→3）-β-葡聚糖的主链上每第3个或第4个糖残基以（1→6）键连接一个β-D-吡喃葡糖基为侧链。19世纪又陆续报道分离得到3种猪苓多糖：①一种从不溶于水的残余物中分离出的与水溶性多糖相似的β-D-葡聚糖；②一种碱溶性β-葡聚糖，分子量约120万，据化学和酶法降解产物推断，它的主链由β-（1→3）键连接的D-吡喃葡萄糖基组成，主链的每第3个D-吡喃葡萄糖基的6位上连接一个β-D-吡喃葡萄糖基做侧链；③一种葡聚糖，分子量1万～7万，是由β-（1→3）、β-（1→4）和β-（1→6）葡萄糖苷键缩合而成，支链在C3和C6位上。近年报道的猪苓多糖包括：Dai报道了一种猪苓多糖，其结构是（1→6，1→4）-β-D-吡喃葡萄糖骨架，具有由（1→3）-β-D-吡喃葡萄糖基支链的（1→6）-β-D-吡喃葡萄糖的取代基；Sun等发现一种由葡萄糖和半乳糖组成的猪苓多糖；He等发现一种猪苓多糖，具有（1→6）-β-D-吡喃葡萄糖骨架，支链由β-D-吡喃葡萄糖、（1→3）-β-D-吡喃葡萄糖、（1→3）-β-D-吡喃葡萄糖醛酸、（1→4）-β-D-吡喃葡萄糖和（1→4）-β-D-吡喃葡萄糖醛酸组成。

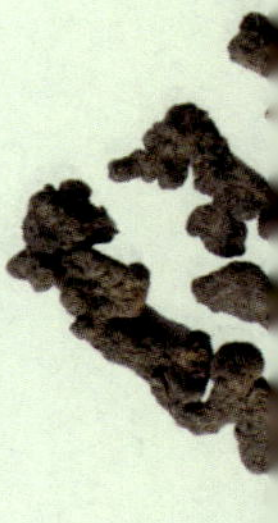

2. 猪苓的甾体类化学成分

甾体类化合物是猪苓的主要化学成分，具有利水渗湿功效。麦角甾醇和麦角甾-4，6，8（14），22-四烯-3-酮是猪苓的主要利尿成分，可作为猪苓指标性成分。有学者采用HPLC法提取猪苓麦角甾醇、麦角甾酮，认为此方法灵敏、快速和准确，可有效评价猪苓质量。研究表明，猪苓中麦角甾醇含量与产地、规格、生长时间等因素有关。

从猪苓中分离得到甾体类化合物28个，其中甾酮类化合物17个。甾体类化合物分别是：麦角甾醇、麦角甾-7,22-二烯-3-醇、麦角甾-7,22-二烯-3-酮、3-甲氧基-麦角甾-7，22-二烯、15-甲基-3-甲氧基-麦角甾-7，22-二烯、麦角甾酮（ergone,6）、麦角甾-7,22-二烯-3,5,6-三醇、麦角甾-7-烯-3,5,6-三醇、5,8-环二氧-麦角甾-6,22-二烯-3-醇、16,22-环氧-3,14,23,25-四羟基-麦角甾-7-烯-6-酮、23,26-环氧-3,14,21,22-四羟基麦角甾-7-烯-6-酮、22,23-环氧-3,14,20,24-四羟基麦角甾-7-烯-6-酮、扶桑甾醇乙酸酯、5,8-环二氧-麦角甾-6-烯-3-醇、polyporoid A（15）、polyporoid B（16）、polyporoid C（17）、24-甲基胆甾-5-烯-3，25-二醇、24-甲基胆甾-1，3，5，6-四醇、猪苓酮A、猪苓酮B、猪苓酮C、猪苓酮D、猪苓酮E、猪苓酮F、猪苓酮G、polyporusterones I（27）、polyporusterones I（28）

3. 猪苓的其他化学成分

郭顺星等对猪苓菌核的化学成分进行了研究，分离鉴定了15个化合物，分别为：α-羟基二十四烷酸（α-hydroxytetracosanoic acid）、α-羟基二十四烷酸乙酯（α-hydroxytetracosanoic ethyl ester）、N-（2′-羟基二十四烷酰）-1,3,4-三羟基-2-十八鞘氨[N-（2′-hydroxytetracosanoyl）-1，3，4-trihydroxyl-2-octodecanine]、5-羟基甲基糠醛（5-hydroxymethylfurfuraldehyde）、D-甘露

醇（D–mannitol）、腺嘌呤核苷（adenosine）、L–阿糖醇（L–arabinitol）、尿嘧啶（uracil）、尿嘧啶核苷（uridine）、猪苓酮A、猪苓酮B、烟酸（nicotinic acid）、大黄素甲醚（physcion）、大黄酚（chrysophanol）、大黄素（emodin）。其中化合物α–羟基二十四烷酸乙酯、N–（2′–羟基二十四烷酰）–1，3，4–三羟基–2–十八鞘氨、5–羟基甲基糠醛、腺嘌呤核苷、L–阿糖醇、尿嘧啶、尿嘧啶核苷和烟酸为首次从猪苓菌核中分离得到。杨红澎从猪苓中分离到二十八碳酸（octyacosanoic acid）。Tsung–Yu Liu从猪苓子实体中分离到阿魏酸（ferulic acid）、阿魏酸盐（methyl ferulate）、（17R）–methylincisterol、4–羟基苯甲醛（4–hydroxybenzaldehyde）、4–甲氧基苯甲酸（4–methoxybenzoic acid）、3，4–二羟基苯甲醛（3，4–dihydroxybenzaldehyde）、甲基–cis–p–香豆素（methyl cis–p–cou–marate）、甲基–p–香豆素（methyl–p–coumarate），3–苄基–6–甲基哌啶–2，5–二酮（3–benzyl–6–methylpiperazine–2，5–dione）、灭癌素W（ganci–din W）、丁二基天冬氨酸（dibutyl asparate）、谷氨酸二酮哌嗪二丁基酯（glutamic diketopiperazine dibutyl ester）、4–氨基丁酸丁酯（4–aminobutyric acid butyl ester）、甘氨酸丁酯（glycine butyl ester）、丙氨酸（alanine）、尿嘧啶（uracil）、烟酸（nicotinic acid）、次黄嘌呤（hypoxanthine）、鸟嘌呤（guanine）、5–羟甲基糠醛–2–羧基丁酯（5–hydroxymethylfuran–2–carboxylic acid butyl ester）、四氢吡咯–2–酮（pyrrolidin–2–cne）、5–羟甲基糠醛–2–甲醛

（5-hydroxymethylfuran-2-carbaldehyde）、D-甘露醇（D-mannitol）、丁基-2，3-二羟基丙酸（butyl 2，3-dihydroxypropionate），琥珀酸（succinic acid）、乙酰丙氨酸（sodium acetylalanine）、2-deoxy-3-O-methyl-D-therc- pentano-1，4-lactone。

猪苓中除含有以上化学成分之外，还含有丰富的氨基酸，如天冬氨酸、苏氨酸、丝氨酸、谷氨酸、甘氨酸、脯氨酸、丙氨酸、半胱氨酸、缬氨酸、赖氨酸、亮氨酸、异亮氨酸、蛋氨酸、色氨酸、苯丙氨酸、精氨酸、酪氨酸；维生素，如维生素A、维生素B_1、维生素B_2、维生素B_3、维生素B_5、维生素B_{12}、维生素C、维生素E等；微量元素，如钙、镁、铜、铬、锌、铁、锰、硒、镍、钼、铅等。

第二节　猪苓的药理作用

1. 利尿作用

Zhang等研究发现，猪苓提取液可显著增加大鼠尿量，增加大鼠尿Na^+、K^+和Cl^-含量，调节降低肾脏髓质水通道蛋白（AQP2）表达，并降低肾脏髓质抗利尿激素V2型受体（V2R）表达，具有利尿活性。Zhao等研究发现，猪苓正己烷、正丁醇提取物和分离的化合物［麦角甾4，6，8（14），22-四烯-3-酮，麦角固醇和e-mannitol］具有利尿活性，其中麦角甾4，6，8（14），22-四烯-3-酮是最强的利尿成分。

李森等研究茯苓、猪苓、黄芪对0.9%NaCl溶液负荷大鼠的利尿作用。结果发现，对比阴性对照组，猪苓高、中剂量组Cl^-排出量显著升高，茯苓K^+排出量显著升高，三者均有利尿作用，且不受体内酸碱平衡变化影响。李思明研究了猪苓对机体肾素-血管紧张素系统的影响。结果发现，给药8天后，猪苓给药组与呋塞米组利尿显著且作用相当；大鼠血浆醛固醇（ALD）血管紧张素（Ang2）水平显著降低，抗利尿激素（ADH）、心钠素（ANP）水平显著增加，与给药次数相关，且呈剂量依赖性，为阐明猪苓利水渗湿的作用机制提供了依据。

Zhao等研究发现，猪苓正己烷、正丁醇提取物和分离的化合物（麦角甾4,6,8（14），22-四烯-3-酮，麦角固醇和e-mannitol）具有利尿活性，其中麦角甾4,6,8（14），22-四烯-3-酮是最强的利尿成分。

李思明研究了猪苓对机体肾素-血管紧张素系统的影响。结果发现，给药8天后，猪苓给药组与呋塞米组利尿显著且作用相当；大鼠血浆醛固醇（ALD）血管紧张素（Ang2）水平显著降低，抗利尿激素（ADH）、心钠素（ANP）水平显著增加，与给药次数相关，且呈剂量依赖性，为阐明猪苓利水渗湿的作用机制提供了依据。

2. 抗肿瘤作用

我国20世纪70年代开始积累猪苓多糖抗肿瘤的资料，如有报道猪苓多糖对小鼠移植性肉瘤S180有明显抑制作用，对大鼠实验性膀胱肿瘤有抑制作用等。近年来猪苓多糖抗肿瘤机制的研究取得了一些进展。猪苓多糖能下调肿瘤细胞S180合成和（或）分泌免疫抑制物质，能下调结直肠癌Colon26细胞免疫抑制分子的分泌，从而在一定程度上逆转肿瘤细胞的免疫抑制作用。猪苓多糖对实验性膀胱癌的抑制作用与其增强免疫系统的功能密切相关，通过干扰和影响人膀胱癌T24细胞周期，抑制细胞增殖。猪苓多糖和卡介苗具有协同作用，联合应用初期能促进巨噬细胞表面 CD14、TLR2和TLR4分子，以及黏附分子CDI1b的表达增加，经TLR分子及信号通路启动机体免疫，引发抗肿瘤效应。Zhang的研究也表明，猪苓多糖能与卡介苗在大鼠膀胱癌模型中产生协同作用，两者合用能明显增加共刺激分子 CD86、CD40和 TLR4/CD14的表达，使CD86和CD40染色更明显，还可减少卡介苗的不良反应。曾星等报道猪苓多糖可显著促进N-丁基-N-（4-羟丁基）亚硝胺（BBN）诱导膀胱癌模型大鼠腹腔巨噬细胞的吞噬功能，提高巨噬细胞表面分子 CD86的表达。李彩霞等报道猪苓多糖能通过影响BBN诱导膀胱癌模型大鼠胸腺指数、脾指数和膀胱组织及癌旁组织淋巴细胞浸润及CD86表达而抑制肿瘤的发生发展过程。秦桂芳等研究显示，猪苓能明显降低膀胱组织水通道蛋白1（AQP1）和水通道蛋白3（AQP3）蛋白表达，猪苓250mg/kg组和猪苓500mg/kg组均可显著降低AQP1和AQP3mRNA相对表达含量，结果表明猪苓可通过抑制 AQP1和AQP3表达抑制膀胱癌发生和发展。甾酮类化合物是猪苓的特征性小分子成分，是具有细胞毒作用的一类成分。猪苓酮A–G对白血病L–1210细胞的增殖均有剂量依赖性的抑制作用。Polyporusterone A和B对2，2′–偶氮–（2–脒基丙烷）–二盐酸盐（AAPH）诱导的红细胞溶解有抑制作用。化合物麦角甾酮对人肝癌细胞Hep3B和人胃癌细胞AGS的增殖有较强的抑制作用，IC50分别为5.0和22.0mg/L。赵英永发现麦角甾酮能抑制人肝癌细胞HepG2、人喉癌细胞 Hep–2和人子宫颈癌细胞Hela增殖，IC50分别为10.5、14.6和10.8mg/L；还能诱导人肝癌细胞HepG2凋亡及G2/M细胞周期阻滞，麦角甾酮的抗肿瘤活性可能与其分子结构中的3位氧有关。江泽波等以巨噬细胞 RAW264.7为载体，通过γ干扰素（IFN–γ）诱导成炎症 M1亚型巨噬细胞，研究猪苓多糖对 M1细胞膜表面蛋白表达及其相关细胞因子的影响，探讨猪苓多糖对肿瘤的抑制作用机制。结果显示，猪苓多糖具有双向调节作用，可以极化巨噬细胞为M1型，增加 M1炎症因子的表达。

3. 免疫调节作用

Sun 等以猪苓菌丝体及子实体提取分离纯化多糖，进行小鼠免疫和抗微生物活性实验。结果显示，猪苓多糖可增加小鼠脾脏淋巴细胞的杀伤能力，促进小鼠B和T细胞的增殖，同时抑制大肠杆菌和金黄色葡萄球菌，具有免疫作用。

Sun等利用猪苓水溶性多糖（PAP）进行ICR小鼠细胞卵蛋白和体液免疫及毒性实验。研究结果表明，猪苓多糖可促进小鼠淋巴细胞增殖，显著增强小鼠血清中抗体IgG2b，PAP在无菌盐水的安全浓度为2.5、5、10μg/μl，猪苓多糖（PAP）可成为安全的疫苗辅剂。潘万龙等研究发现，猪苓多糖对脐血造血干细胞有明显扩增作用，CD34+细胞扩增倍数为6.33，并能促进脐血造血干细胞移植小鼠免疫造血重建，在生存率、血象恢复时间和效果上，猪苓多糖移植药物组优于单纯移植小鼠组，且CD3+、CD4+、CD8+、CD19+水平存在明显差异。

张皖东等采用注射Ⅱ型胶原建立关节炎（CIA）大鼠模型，并分离大鼠PP结淋巴细胞（PPL）、肠道上皮内淋巴细胞（IEL）和固有层淋巴细胞（LPL），采用不同浓度猪苓多糖共培养。结果显示，猪苓多糖对于大鼠PPL具有不同的免疫调节作用，可使PPL分泌TNF-α减少、IFN-γ的分泌增加，IEL和LPL分泌TNF-α和IFN-γ的水平呈不同程度降低。

4. 保肝

猪苓多糖能减轻四氯化碳对小鼠肝脏的损伤，包括：减轻肝组织的病理性损伤，降低谷丙转氨酶活性，抑制肝脏6-磷酸葡萄糖磷酸酶和结合性酸性磷酸酶活性的降低。猪苓多糖单独使用，或与其他中药、乙肝疫苗、干扰素等联合使用，能有效抑制乙肝病毒复制，提高乙肝病毒表面抗原（HBsAg），乙肝病毒e抗原（HBeAg）和乙肝病毒脱氧核糖核酸（HBV-DNA）转阴率，提高抗-HBe 阳转率，改善肝功能。刘祥兰等研究了猪苓多糖对模型大鼠酒精性脂肪肝的预防和治疗作用，结果显示猪苓多糖对血清低密度脂蛋白-胆固醇（LDL-C）、肝脏指数的影响不显著，但能明显降低脂肪肝大鼠血清中胆固醇（TC）、三酰甘油（TG）的水平；猪苓多糖各剂量组肝脏细胞的脂肪变性程度均减轻，表明其对大鼠酒精性脂肪肝具有一定的治疗作用。陶娟等将82例维持性血液透析（MHD）患者分为实验组和对照组，实验组进行猪苓多糖联合乙肝疫苗接种，对照组单用乙肝疫苗接种，观察接种后1个月、12个月时2组患者血清HBsAb的阳性率及接种后6个月、12个月时2组患者的乙肝感染率，结果显示接种后实验组患者血清HBsAb的阳性率明显较对照组高，乙肝感染率明显较对照组低，表明猪苓多糖可以作为降低MHD患者乙肝感染率的有效药物，说明猪苓多糖是保肝作用的主要活性成分。

5. 保护肾脏作用

王平等以猪苓不同溶剂提取物，对大鼠进行尿草酸钙结石抑制作用研究。结果表明，猪苓乙酸乙酯浸膏能减少大鼠体内尿及肾组织内Ca^{2+}含量，抑制尿草酸钙结石形成。组织病理学显示，猪苓乙酸乙酯浸膏对大鼠肾损伤有明显改善作用，同时可降低血清尿素氮和肌酐的浓度，减轻肾小管扩张，抑制肾小管上皮细胞的肿胀、变性、坏死及脱落，具有明显的肾功能保护作用。

6. 抗衰老作用

猪苓多糖对衰老模型小鼠的几个重要抗衰老指标药理作用的研究表明，猪苓多糖能增加衰老模型小鼠体重，提高体温和胸腺系数，使其接近正常。猪苓多糖还能降低衰老模型小鼠肝中过氧化脂质的含量，提高衰老模型小鼠红细胞中超氧化物歧化酶和肝脏过氧化酶的活力，这些均表明猪苓有一定的抗衰老作用。

7. 抗辐射作用

胡名柏等对大白鼠腹腔进行猪苓多糖注射，然后一次全身照射5Gy $^{60}Co\ \gamma$ 射线。结果显示，猪苓多糖对大白鼠造血功能和免疫功能具有一定的防护作用，注射猪苓多糖实验组大鼠外周血细胞数、骨髓有核细胞数明显升高，脾NK细胞活性和脾指数明显高于辐射对照组，证明猪苓多糖有抗辐射作用。

猪苓多糖具有防治小鼠急性放射病的明显效果，有效剂量范围宽，作用时间长。分别于照射前2小时和48小时腹腔注射给予受致死量（0.8Gy）全身照射的小鼠，可使其存活率提高。照射后给药，腹腔注射和口服都有防护效价，预防比治疗效价高。猪苓多糖对受照射小鼠的造血功能无保护作用，而对受照射小鼠肾上腺皮质的应激功能有明显提高。初步认为，猪苓多糖对受照射小鼠肾上腺皮质的应激功能有明最提高作用。推测猪苓多糖的抗放射作用可能是由于通过调节垂体–肾上腺系统的功能，使机体处于应激状态，从而增强了抗辐射损伤的能力。

8. **抗疟原虫活性**

猪苓具有抗恶性疟原虫的活性。

9. **抗氧化和自由基清除活性**

文献报道，猪苓具有抗AAPH诱导对红细胞的溶血作用，这个抑制效应在50～1000μg/ml范围内呈量效关系。摄取150mg猪苓能够显著增加大鼠血浆的自由基清除率。

He 等从猪苓菌核中分离出水溶性多糖PUP60S2，并对其抗氧化活性进行了体外实验。结果显示，PUP60S2对二苯基苦酰肼基（DPPH）自由基、羟基自由基和超氧自由基具有清除作用，其IC_{50}值为0.53、0.85和0.74mg/ml，表明猪苓多糖PUP60S2具有抗氧化活性。

李志洲研究了猪苓多糖的最佳微波提取工艺，并用过硫酸铵—N，N，N′，N′-四甲基乙二胺（AP-TEMED）体系检测了猪苓多糖和猪苓多糖锌对羟自由基（—OH）和超氧阴离子（$—O_2$）的清除作用。结果显示，猪苓多糖及多糖锌均具有清除作用，猪苓多糖锌的清除能力大于猪苓多糖，且清除能力与加入量呈正相关。

Sekiya等研究发现，猪苓提取物多孔菌甾酮 A和多孔菌甾酮B能抑制偶氮二异丁脒盐酸盐（AAPH）所致的红细胞氧化损伤，其抗氧化损伤能力与剂量呈依赖性，在抗溶血作用方面，多孔菌甾酮 A 大于多孔菌甾酮 B。

10. 抗菌

Sun研究表明猪苓提取物对大肠杆菌、金黄色葡萄球菌具有抑菌作用，但是对黑曲霉和构巢曲霉无效。冯航用80%乙醇超声提取猪苓，将提取物配制成不同浓度梯度的样品溶液，采用K–B纸片扩散法研究不同浓度的提取液对枯草芽孢杆菌、大肠杆菌、金黄色葡萄球菌等的抑菌效果，结果显示猪苓提取液对3种实验菌种均有一定的抑制作用，且抑菌作用随着浓度的增加而增强，由此说明猪苓粗提物对多种细菌均有抗菌活性，而具体活性成分需进一步深入研究。

11. 抗炎作用

胡金萍等以J774细胞为载体，采用不同浓度的猪苓进行干预。结果显示，猪苓在0.05～50μg/ml时抑制LPS诱导的J774细胞IL–6、iNOS的表达，并呈浓度依赖性，起到了抑制炎症的作用。Sun等从猪苓菌核中分离出三个新型蜕皮类固醇，命名为 polyporoid A、B和C，并对小鼠TPA诱导的炎症进行了试验。结果显示，三种化合物具有抗炎活性，并能抑制小鼠病痛。

江泽波等利用对脂多糖LPS诱导巨噬细胞J774炎症模型，给予不同浓度猪苓多糖干预，探讨其抗炎作用及机制。结果显示，猪苓多糖可降低炎症因子的升高，同时降低丝裂原活化蛋白激酶（P38）、P65丝裂原活化蛋白激酶（P65）蛋白磷酸化和细胞核因子ERK42/44的表达，可能通过丝裂原活化蛋白激酶（MAPK）信号通路来降低炎症损伤。

12. 抗突变作用

王虹等采用中、高、低剂量猪苓多糖，对环磷酰胺诱导的小鼠进行抗突变作用研究。结果表明，猪苓多糖能降低由环磷酰胺诱发小鼠较高的骨髓细胞微核率和精子畸形率，各剂量组猪苓多糖对小鼠微核率抑制率为31.77% ～84.28%，其中低剂量组猪苓多糖抑制作用最强，为84.28%；各剂量组猪苓多糖对小鼠精子畸形率抑制率为13.62% ～60.40%，且与多糖浓度呈正相关。

13. 促进头发生长作用

Inaoka 等研究发现，猪苓提取物中的活性成分可促进小鼠毛发生长，分离出的3，4-二羟基苯甲醛效果最为显著。Ishida等研究了猪苓50%乙醇提取物对头发生长的影响。结果显示，促进头发生长的主要成分为乙酰丁香酮、polyporusterone A和 polyporusteroneB。

14. 其他作用

采用动物实验研究中草药的甲醇提取物对毛发生长的影响，结果表明，猪苓提取物可显著促进毛发的再生长。从猪苓中分离得到的活性成分为3，4-二羟基苯甲醛。猪苓有一定的抗菌作用，体外实验表明，猪苓醇提液对金黄色葡萄球菌、大肠杆菌有抑制作用。

15. 毒副作用

早期对猪苓毒性研究表明，20～50g/kg生药的猪苓煎剂一次剂量给小鼠腹腔注射，20分钟后小鼠开始安静，剂量较大者抑制较深，应激反应减弱，肌肉无力，但48小时后基本恢复常态，给药40g/kg者死亡1只，50g/kg者死亡2只。猪苓精制物大剂量一次给小鼠灌胃或腹腔注射均无明显的中毒症状和异常反应。猪苓半精制物（1～100ml/kg，腹腔注射，每日1次，共28次）对小鼠进行亚急性毒性实验，经1个月观察无显著毒性。猪苓多糖注射液对黏膜无刺激；热原、溶血反应阴性；豚鼠致敏实验没有发生过敏死亡现象；健康人单次和多次肌内注射，未发现显著不良反应和明显的毒副作用。连续肌内注射10天，多数受试者血色素有所增加，全部受试者的T淋巴细胞转化率均有上升现象。对猪苓多糖的急性毒性、慢性毒性及三致实验（致癌、致畸、致敏）表明，以本品治疗量2000倍液一次给药或100倍连续灌胃或腹腔给药28天，对小鼠和犬未见有明显毒性反应，备脏器亦未见实质性损害；致癌、致畸、致过敏及皮肤刺激等实验均未见本品有明显毒性和刺激作用。

第三节　应用

一、各家论述

中医认为，猪苓性平，味甘、淡。入脾经、肾经、膀胱经。有利尿渗湿的功效。主治小便不利，水肿胀满，脚气，泄泻，淋浊带下。无水湿者忌服。各家论述如下：

（1）《本草衍义》：猪苓，行水功多，久服必损肾气，昏人目。

（2）《本草纲目》：猪苓淡渗，气升而又能降，能开腠理，利小便，与茯苓同功，但入补药不如茯苓也。

（3）《本草汇言》：猪苓，渗湿气，利水道，分解阴阳之药也。此药味甘淡微苦，苦虽下降，而甘淡又能渗利走散，升而能降，降而能升，故善开腠理，分理表阳里阴之气而利小便，故前古主痎疟。甄氏方主治伤寒温疫大热，能发汗逐邪，此分利表阳之气于外也。张氏方主腹满肿胀急痛，心中依，疟痢瘴泻，此分利里阴之气于内也。张仲景治太阳病脉浮、发热、消渴而小便不利者，用五苓散，以止其吐；冬时寒嗽，兼寒热如疟状者，名为痎风，用五苓散以定其嗽。此三法俱重在猪苓，开达腠理，分利阴阳之妙用也。

（4）《用药心法》：猪苓，苦以泄滞，甘以助阳，淡以利窍，故能除湿利小便。

（5）《药品化义》：猪苓味淡，淡主于渗，入脾以通水道，用治水泻湿泻，通淋除湿，消水肿，疗黄疸，独此为最捷，故云与琥珀同功。但不能为主剂，助补药以实脾，领泄药以理脾，佐温药以暖脾，同凉药以清脾，凡脾虚甚者，恐泄元气，慎之。

（6）《本草述》：方书有云，湿在脾胃者，必用猪苓、泽泻以分理之也。按猪苓从阳畅阴，洁古所谓升而微降者是，阳也；泽泻从阴达阳，洁古所谓沉而降者是，阴也。二味乃合为分理阴阳。

（7）《长沙药解》：猪苓，渗利泄水，较大茯苓更捷。但水之为性，非土木条达，不能独行。猪苓散之利水，有白术之燥湿土也；猪苓汤之利水，有阿胶清风木也；五苓之利水，有白术之燥土，桂枝之达木也；八味之利水，有桂枝之达木，地黄之清风也；若徒求利于猪、茯、滑、泽之辈，恐难奏奇功耳。

（8）《本草求真》：猪苓，凡四苓、五苓等方，并皆用此，性虽有类泽泻，同入膀胱肾经，解热除湿，行窍利水，然水消则脾必燥，水尽则气必走；泽泻虽同利水，性亦类燥，然咸性居多，尚有润存，泽虽治火，性亦损气，然润能滋阴，尚有补在。故猪必合泽泻以同用，则润燥适均，而无偏陂之患矣。至于茯苓虽属渗剂，有湿自可以去，然茯则入气而上行，此则入血而下降，且与泽泻利水消肿，洽疟止痢等药，审属暑邪湿热内闭，无不惜此以为宣导之需，古人已云清利小便，无若此缺，以故滋阴药中，止有泽泻，而不用及猪苓，正谓此耳。但此专司引水，津液易耗，久服多致损目。

（9）《本经》：主截疟，利水道。

（10）《药性论》：解伤寒温疫大热，发汗，主肿胀，满腹急痛。

（11）《珍珠囊》：渗泄，止渴，又治淋肿。

（12）《医学启源》：除湿益燥。

（13）《主治秘要》：去心悸。

（14）《医学入门》：治中暑消渴。

（15）《本草纲目》：开腠理，治淋、肿、脚气，白浊，带下，妊娠子淋，小便不利。

二、古方精选

1.《伤寒论》猪苓汤

治脉浮发热，渴欲饮水，小便不利：猪苓（去皮）、茯苓、泽泻、滑石（碎）、阿胶各30g，以水4L先煎前4味至2L，去渣，放入阿胶烊化，分3次温服，日服3次。

2.《子母秘录》

治妊娠从脚至腹肿，小便不利，微渴引饮：猪苓磨末，每日3次，每次10g，温水冲服。

3.《方脉家宝》

治疟不分新久：猪苓30g，茯苓15g，柴胡12g，半夏9g，甘草3g，生姜3片，大枣2枚。水3碗，煎1碗，未发前服。渣再煎，发后服。

4.《圣济总录》猪苓丸

治肠胃寒湿，濡泻无度，嗜卧不食；猪苓（去黑皮）15g，肉豆蔻2枚，黄柏1g（去粗皮炙），共捣末，用米汤制丸，绿豆大。每服10丸，饭前温水服。

5.《济生方》猪苓丸

治年壮气盛，梦遗白浊：半夏30g，猪苓30g，半夏炒黄（不可炒焦），摊于地上去尽火毒，粉碎；猪苓亦打成粉末。二药调和后以水泛成桐子大的丸剂，每服40丸，空腹时以温酒和盐水送下。

6.《金匮要略》猪苓散

治呕吐而病在膈上，思水者：猪苓、茯苓、白术各等份。上3味，杵为散，日服3次，每次10g。

7.《小品方》

治子淋：猪苓五两。捣筛，以白汤三台，和方寸匙为一服，渐至二匙，日三夜二，尽，不瘥，宜转下之，服甘遂散。

三、现代中医常用方

1. 五苓散

组方：白术、桂枝、猪苓、泽泻、茯苓。可通阳化气，利水。用于水湿停聚，小便不利，水肿，舌苔滑润，或兼有胸痞，渴欲饮水，但入水即吐等。

（《伤寒论》）

2. 猪苓汤

组方：猪苓、茯苓、泽泻、阿胶、滑石。可滋阴，清热，利水。用于血淋或血尿，小便赤涩刺痛，并有舌红、口渴、心烦等阴虚症候。（《伤寒论》猪苓汤）

第四节　现代医学对猪苓的临床应用

一、治疗肝炎

猪苓多糖-乙肝疫苗联合治疗：常用疗法是以猪苓多糖注射液40mg，肌内注射，每日1次，连续20天后休息10天，按上述方法重复3个月为1疗程。乙肝疫苗每隔半月肌注30μg，连续3次为1疗程。共治疗60例，治疗后肝功能大都能逐渐好转，ALT下降，仅2例在治疗后ALT上升至600U，后又在继续使用过程中下降，SB及ALT复常率分别为100%及93%。治疗期间不加用其他药物。

以肝炎灵注射液为对照组，两组其他常规保肝药相同。结果虽两组主要症状及功能的恢复无显著差异，但猪苓多糖注射液组在乙肝血清标志物的改善方面显示出明显的效果。治疗组HBeAg滴度下降及转阴者为46.49%，HBeAg滴度下降者56.14%，均优于对照组，具有显著差异。在治疗中除个别病例发生过敏性皮疹及淋巴结肿痛外，未发生心、肝、肾及造血系统的损害。

以聚肌胞注射液为对照组，两组均辅助服用维生素B_{12}、维生素C，治疗组80例，对照组76例。治疗结束半年后，治疗组HBsAg、抗-HBe、HBeAg和pHSAR阴转率分别为6.0%、0、23.1%和18.8%。对照组分别为3.9%、0、19.3%和16.3%。

治疗小儿慢性肝炎。猪苓多糖注射液每日肌注1次（10岁以下1支，10岁以上2支，每支20mg），连用20天后．停药10天，再重复上述治疗，直至3个月；乙肝疫苗视年龄不同每隔10天皮下注射1次（15～30μg），以皮下注射6次为1疗程。在治疗期间除给予维生素B、维生素C外，不使用其他保肝药物。结果：治疗组11例，治疗前血清ALT升高，至疗程结束2周后，除1例外其余10例都降至正常。猪苓多糖加乙肝疫苗组HBeAg阴转率、抗HBe阴转率、HBV-DNA阴转率分别为61%、11%、66%。

二、抗肿瘤

1. 治疗肺癌

猪苓多糖胶丸（吉林通化市前进制药厂）口服，每服8丸（2g），日3次，10日为1疗程，疗程间隔3～5日，共3个疗程，观察30例；猪苓提取物（中国中医研究院中药研究所制备）肌注，每日40mg，连用2周，停药6周后再用4周，观察30例；以单用COM方案的化疗组为对照。结果：前两组的临床症状改善情况，胸片块影大小、体重增加程度及对白细胞及免疫功能的影响均无明显差异，亦无毒副作用，明显优于单纯化疗组。

2. 预防膀胱肿瘤术后复发

比较口服中药猪苓煎剂与卡介苗（BCG）膀胱灌注预防膀胱癌术后复发的疗效。术后平均随访70.8个月（48～124个月）。猪苓组复发率为33.3%（16/48），BCG组34.4%（11/32）。两组复发率不但明显低于对照组（65.1%），而且复发间隔时间亦有所延长。猪苓预防膀胱癌复发的效果与BCG相似，且费用低廉，方法简便，无明显毒副作用。

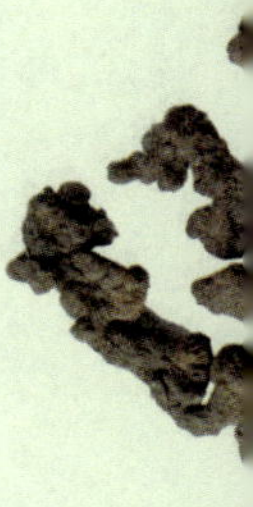

三、治疗银屑病

猪苓注射液（每毫升相当于猪苓原生药0.59g），成人每次2ml，每日2次，5～12岁每次2ml，每日1次，肌注，连续用药2周以上，治疗银屑病265例。近期疗效：基本治愈83例（31.3%），显著好转67例（25.3%），好转79例（29.8%），无效6例（13.6%），总有效率86.4%。对基本治愈病例随访的结果为：3个月至2年复发者13例（15.7%），部分病人再次用本品亦有效。本品还可能提高机体的细胞免疫功能。

猪苓多糖注射液肌内注射，每次4ml，每日1次，连续20天后休息10天，3个月为1疗程，治疗寻常型银屑病30例。对照组29例，肌注复方丹参注射液。治疗期间停用其他药物。结果：猪苓组总有效率为90%，丹参组为58.6%，猪苓组明显优于丹参组。

四、治疗流行性出血热

猪苓30g、泽泻30g、茯苓15g、阿胶30g（隔水烊化约30ml，加糖另服），有腹泻者另加滑石10g。加水300ml，文火煎2次，每次浓缩至70～80ml，先服烊化的阿胶，然后服第一煎药，半小时后再服第二煎药。治疗流行性出血热休克期13例，无1例死亡，较西药对照组疗效满意。

五、治疗顽固性水肿

猪苓、冬瓜皮各15g，甜葶苈子、茯苓各12g，生桑白皮、大枣、陈葫芦瓢、生薏仁、路参、半枝莲各30g，山药18g，炒柴胡9g。水煎服，每日1剂。可随证加减。治疗28例，其中心源性水肿13例，显效8例，有效3例，无效2例；肝硬化腹水7例，显效5例，有效1例，无效1例；慢性肾炎浮肿8例，显效7例，有效1例。

六、治疗产后癃闭

猪苓、泽泻各12g，茯苓、车前子（包煎）、滑石各15g，阿胶10g（烊化），白茅根30g。随证加减。每日1剂，水煎取400ml分2次服。如病重者，每日2剂。治疗20例，全部治愈。

七、治疗小儿急性肾炎

猪苓、茯苓、泽泻各12g，金银花、野菊花各8g，蒲公英、紫花地丁、白茅根、小蓟各10g，益母草1g，蝉蜕6g。每日1剂，水煎至100～200ml，每日分3次温服。治疗56例，全部临床治愈。

八、不良反应

个别病例用药初期可见低热，轻微嗜睡伴头晕等，或有发生过敏性皮疹及淋巴结肿痛。

参考文献

[1] 郭顺星，徐锦堂，肖培根．猪苓子实体发育的形态学研究［J］．中国医学科学院学报，1998，(1)：60–64．

[2] 李萍．猪苓生物学特性的研究［D］．西北农林科技大学，2007．

[3] 徐锦堂，郭顺星，李灵玉，等．猪苓菌核生长发育规律观察［J］．中国药学杂志，1991，(12)：714–716+759．

[4] 王秋颖，徐锦堂，郭顺星，等．猪苓与蜜环菌营养关系的初步探讨［J］．中国中药杂志，2000，(8)：24–25

[5] 刘蒙蒙，邢咏梅，郭顺星，基于Maxent生态位模型预测药用真菌猪苓在中国潜在适生区［J］．中国中药杂志，2015，40(14)：2792–2795．

[6] 张优，王娟，张杰，等．基于遥感和GIS技术的四川省猪苓适宜性分布范围研究［J］．中国中药杂志，2016，41(17)：3148–3154．

[7] 胡平，方清茂，夏燕莉，等．猪苓栽培技术研究［J］．安徽农业科学，2013，41(21)：8855–8856．

[8] 吴媛婷，陈德育，梁宗锁，等．猪苓人工栽培技术研究进展［J］．北方园艺，2012，(18)：201–205．

[9] 陈文强，邓百万，刘开辉，等．中低海拔地区猪苓人工栽培技术［J］．江苏农业科学，2007，(4)：167–169．

[10] 吴媛婷．秦岭地区猪苓人工栽培优化和蒙古黄芪DUS的研究［D］．西北农林科技大学，2013．

[11] 黄庆林．汉中市猪苓高效栽培及管理技术［J］．安徽农业科学，2016，44(8)：144-146．

[12] 田飞，王喆之．猪苓栽培的田间管理［J］．陕西农业科学，2011，57(4)：255-257．

[13] 杨春华，付士龙，于有功．猪苓半野生人工伴栽技术［J］．中国食用菌，2010，29(5)：63-65．

[14] 张长青，孙正祥，章松柏．猪苓栽培模式探析［J］．现代农业科技，2010，(21)：154-155．

[15] 李朝．猪苓仿野生栽培技术［J］．现代农业科技，2013，(24)：115．

[16] 杨燕，李富得．猪苓纯菌种伴蜜环菌栽培技术［J］．食用菌，2012，34(4)：49-50．

[17] 韩向宁．蓝田县人工栽培猪苓技术探索［J］．食用菌，2013，35(4)：57-58．

[18] 王翾，符虎刚，孙涛．猪苓标准化栽培技术［J］．中国食月菌，2012，31(2)：62-64．

[19] 李富得，杨燕．陇南山区猪苓仿野生优质高产规范化栽培技术［J］．食用菌，2012，34(3)：

40-41.

[20] 蒋长生，张育德，满自红，等. 甘肃连城自然保护区猪苓栽培技术研究[J]. 甘肃科技纵横，2015，44(9)：110-112.

[21] 吴佐斌，曹妮娜，贺世清. 猪苓室内控温栽培技术初探[J]. 食用菌，2015，37(5)：53-54.

[22] 张志刚，杨权社，杨金梅. 陇南猪苓规范化栽培技术[J]. 食用菌，2011，33(02)：42.

[23] 徐青松，王华，肖晋川，等. 猪苓林下半人工高效栽培技术模式[J]. 食药用菌，2017，25(1)：67-69.

[24] 高巧妮，谢淑雨，张跃进，等. 猪苓袋料培养条件筛选[J]. 北方园艺，2017，(5)：130-133.

[25] 李晓东，马永升，朱依娜，等. 陕西略阳猪苓发展评价[J]. 陕西中医学院学报，2015，38(6)：115-119.

[26] 李铜，韩向宁，吕飞，等. 猪苓纯菌种人工栽培技术研究[J]. 现代农业科技，2010，(7)：124-125

[27] 张长青，孙正祥，章松柏. 猪苓栽培模式探析[A]. 中国菌物学会. 2013首届全国猪苓会议论文集[C]. 中国菌物学会，2013：4.

[28] 张书利. 中条山林区猪苓仿野生栽培技术研究[J]. 山西林业科技，2014，43(3)：24-26.

[29] 孟军政，郭斌，周凌洁，等. 林下猪苓栽培技术[J]. 陕西农业科学，2014，60(8)：125-126.

[30] 黄静，梁玉勇，杨正水，等. 防虫网防治猪苓蛴螬危害的增产试验研究[J]. 中国食用菌，2011，30(5)：66-67.

[31] 许广波，傅伟杰，李如亮，等. 长白山区猪苓半人工栽培技术体系的研究[J]. 延边大学农学学报，2004，(4)：241-244.

[32] 殷书学，陈文强，邓百万，等. 秦巴山区猪苓标准化高产栽培技术与推广[A]. 中国菌物学会、易菇网. 2015第二届全国猪苓会议资料汇编[C]. 中国菌物学会、易菇网，2015：6.

[33] 赵英永，林瑞超，孙文基. 中药猪苓的现代研究与应用[M]. 北京：化学工业出版社 生物医药出版分社，2010.

[34] 王康茱，唐晓清. 灵芝 茯苓 猪苓 竹荪 银耳 猴头菌 天麻（中药材种养关键技术丛书）[M]. 南京：江苏科学技术出版社，2001.

[35] 顾雅君，陈文杰，刘建荣. 蜜环菌伴栽天麻和猪苓的生产技术[M]. 北京：中国农业科学技术出版社，2010.

[36] 赵英永，林瑞超. 猪苓的化学成分及其应用[M]. 北京：科学出版社，2011.

[37] 王弘，晁建平，陈文举，等. 猪苓药材的质量评价标准研究[J]. 中草药，2009，40(6)：

971-974.

[38] 王天媛，张飞飞，任跃英，等. 猪苓化学成分及药理作用研究进展 [J]. 上海中医药杂志，2017，51（4）：109-112.

[39] 陈晓梅，田丽霞，郭顺星. 猪苓化学成分及药理活性研究进展 [J]. 菌物学报，2017，36（1）：35-47.

[40] 康洁，杨立新，陈若芸. 猪苓研究进展文献综述 [J]. 食药用菌，2013，21（4）：221-224.

[41] 刘洪超，杨小龙，王淑英. 猪苓药理作用研究进展 [J]. 河南科技大学学报（医学版），2011，29（2）：159-160.

[42] 赵英永. 中药猪苓的化学成分及其药理学研究 [D]. 西北大学，2010.

[43] 刘立萍，李然. 浅析猪苓在《伤寒论》方剂中的应用 [J]. 陕西中医学院学报，2010，33（6）：34-35.

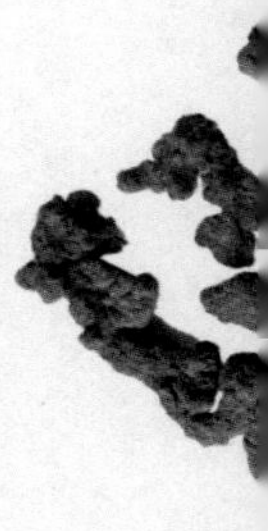